WARFARE

하루 한 권, 날씨와 전쟁

기 모 토 히 로 아 키 지음

정혜원 옮김

기후가 갈라놓은 승패에 관한 놀라운 이야기

기모토 히로아키

1945년 히로시마현 출생. 1968년 일본방위대학교(12기) 졸업 후 육상 자위대후지학교에 입대하며 제2전차부대 대장, 제71전차연대장, 간부학교 주임 연구 개발관 등을 역임했다. 2000년에 육장보(한국으로 따지면 소·준장)로 퇴관. 이후 세콤 주식회사 연수부에서 근무. 2008년 이후에는 군사 역사 연구에 전념하고 있다. 군사학 연구에 일가견이 있어 편찬에도 힘을 쓰고 있다. 주요 저서로는 『機動の理論 기동의 이론』〈サイエンス・アイ新書〉, 『戦術の本質 전술의 본질』〈サイエンス・アイ新書〉, 『戦車の戦う技術 전차의 전투 기술』〈サイエンス・アイ新書〉, 『自衛官が教える '戦 国·幕 末合戦'の正しい見方 자위관이 알려 주는 '센 고쿠·막부 말 전쟁' 바르게 보는 법』〈双葉社〉, 『戦術学入門 전술학 입문』〈光人社NF文庫〉, 『指揮官の顔 지휘관의 얼굴』〈光人社NF文庫〉, 『ある防衛大学校生の青春 어느 방위대 학생의 청춘』〈光人社NF文庫〉, 『戦車隊長 전차대장』〈光人社NF文庫〉, 『陸自教範 '野外令'が教える 戦場の方程式 육상자위대교범 '야외령'이 알려주는 전쟁터의 방정식』〈光人社 NF文庫〉, 『(本当の戦車の戦い方 진짜 전차의 전투법』〈光人社NF文庫〉 등이 있다.

들어가며

2017년 일본 정부 관광국(JNTO)의 통계에 따르면 연간 약 5백만 명의 일본인 관광객이 동남아시아(태국, 싱가포르, 말레이시아, 인도네시아, 필리핀, 베트남)를 방문합니다. 그중 베트남에 가는 사람은 약 80만 명입니다.

Q 호찌민의 기후를 알려주세요.

A 우기와 건기로 나뉩니다.

남북으로 긴 베트남은 남부 기후와 북부 기후가 상당히 다릅니다. 남부 호찌민은 열대 몬순 기후로 일 년 내내 기온이 높습니다. 또한 5월~10월은 우기, 11월~4월은 건기에 해당합니다. 1월~3월은 기온이 낮고 맑은 날씨가 이어집니다. 그야말로 여행하기 좋은 계절이지요.

『ことりっぷ ホーチミン』ことりっぷ 編集部, 昭文社, 2015

여행 책자에는 기온이나 강우량 같은 현지 데이터가 소개되어 있습니다. 여행자는 그 정보를 참고해 복장 등 여행에 필요한 준비를 하지요.

그런데 『我々はなぜ戦争をしたのか 우리는 왜 전쟁을 했을까』〈平凡社〉에는 경악할 만한 내용이 담겨 있습니다. 그 책은 베트남 전쟁을 실질적으로 지휘한 로버트 맥나마라Robert Strange Mcnamara 당시 미국 국방부 장관과 베트남 측 지도자와의 대화(1995년 11월)가 담긴 NHK 다큐멘터리 방송을 재구성한 것입니다.

경악할 만한 내용이란, 베트남에 55만여 명의 대군을 파견한 미국 지도

자와 정책 결정에 관여한 참모들이 베트남에 대해 거의 무지했다는 사실입니다.

당시 국무성의 베트남 전문관이었던 체스터 쿠퍼(Chester Cooper)는 '미국에는 아시아 말을 할 수 있는 사람도 없었고, 실례를 무릅쓰고 말하자면 지도 위에서 베트남을 가리킬 수 있는 사람도 아주 조금밖에 없었다.'라고 대화 자리에서 증언했습니다.

그러니까 미국은 베트남에 군사 개입을 하면서 베트남의 역사, 문화, 기후 및 지정학적 지식을 모른 채 게릴라전 같이 국지 전쟁에 적합하지 않은 근대적 군사력을 대거 투입한 것입니다. '남베트남이 적화되면 동남아시아가 적화된다'라는 **도미노 이론**을 내세우면서 말이지요.

베트남에는 우기와 건기가 있습니다. 디엔비엔푸 전투(1954년 3~5월)에서 프랑스군이 패배한 데는 '우기'라는 이 시기가 결정적인 역할을 했습니다. 게다가 우기에는 근대화된 미국의 항공 전력이나 기계화 전력도 능력을 떨치기 어렵습니다.

반대로 말하자면 베트남 측(베트남독립연맹, 베트민)은 당연하다는 듯이 우기를 철저히 이용할 수 있다는 뜻이지요.

사실 '날씨' 그 자체만으로 전투의 승패가 결정되지는 않지만, 지휘관의 상황 판단이나 부대의 전투 능력에 적지 않은 영향을 준다는 사실은 부정할 수 없습니다. 그래서 때로는 날씨가 전투의 승패를 가르는 어떤 '요인'으로 작용하기도 합니다. 인도차이나 전쟁 (제1차: 프랑스, 제2차: 미국)과 같은 많은 전투에서 그 사실이 증명되었지요.

날씨가 전쟁터에 미치는 영향은 천차만별입니다. 그 대표적인 예를 말하자면 가시거리, 바람, 강수, 구름, 기온, 습도, 악천후, 대기압, 해면 상태 등 여러 가지가 머릿속에 떠오릅니다.

이 책은 기상 요인이 지휘관, 부대, 병사, 장비 등에 어떤 영향을 주었고 전투에 어떤 결과를 가져왔는지 몇몇 역사 속에서 찾아보는 것을 목적으로 합니다.

날씨와 전투의 관계에는 일정한 패턴이 없습니다. 예기치 못한 호우가 결전에 치명적인 영향을 준 사례(**워털루 전투**), 준비되지 않은 군대가 동장군에 굴복한 사례(**나폴레옹의 모스크바 원정 등**), 태풍권의 제4사분면에서 군함이 파괴된 사례(**제4함대 사건**), 해무를 이용한 구출 작전 감행(**키스카 탈출 작전**), 과학기술에 의한 밤의 어둠 극복(**레이더, 서멀 사이트 등**), 기상 조건의 역이용(**인천 상륙작전**). 그에 더해 인공 강우(**기상 조종**)처럼 기상을 군사적으로 이용한 사례도 있습니다.

20세기가 끝날 무렵 기상 변동으로 인해 '지구 온난화를 비롯한 환경 문제는 21세기 인류가 직면할 최대 과제 중 하나'라는 의식이 생겨났습니다. 또한 오늘날에는 일본을 포함해 지구 각지에서 이상 기후 현상도 자주 일어나고 있습니다. 너무 잦은 일이다 보니 그러한 현상은 아주 자연스럽게 느껴질 정도입니다.

기껏해야 '날씨'라고 말할 수도 있겠습니다. 하지만 이 책을 통해 날씨에 대해 재인식할 기회를 가져보는 건 어떨까요? 하늘에 떠 있는 구름을 바라보면서 일상적으로 날씨를 의식한다면 전과는 조금 다른 풍경이 보이리라 생각합니다.

기모토 히로아키

목차

제6장 기상과 전쟁터 아라카르트

제1장

'비'가 승부를
가른 전투

1815년 6월 17일 밤, 맹렬한 폭풍우가 벨기에 지방을
덮쳐 워털루는 진흙 벌판이 되었다. 나폴레옹은 수년간
포병을 최대한 활용해 적을 격파해 왔다. 그러나 워털
루 결전에서 포병을 활용하려면 땅이 천천히 마를 때까
지 긴 시간 기다리는 수밖에 없었다.

『TIDE OF WAR』
David R. Petriello, Skyhorse Publishing, 2018

워털루 전투

전날 내린 폭우가 포병의 발을 묶다

스페인 원정(1808~1813), 러시아 원정(1812) 그리고 나폴레옹의 백일천하(**자료1**)는 나폴레옹에게 몰락을 가져다준 사건들이라는 시각이 있습니다. 그 백일천하에 종지부를 찍은 것이 1815년 6월 18일 **워털루 전투에서의 패배**입니다.

나폴레옹은 스페인에서 **파르티잔 전투**라는 상식 밖의 싸움에 휘말렸습니다. 공세종말점[1]을 넘긴 러시아 원정에서 동장군에 무릎을 꿇었으며, 황제 복귀 후에는 워털루에서 예기치 못한 폭풍우에 발목을 잡혔습니다.

많은 저술가와 역사가는 당시 비가 내리지 않았더라면 나폴레옹이 1815년 워털루에서 승리를 놓치지 않았을 거라고 추측한다. 6월 17일 밤 맹렬한 폭풍우가 벨기에 지방을 덮쳐 워털루는 진흙 벌판이 되었다. 나폴레옹은 수년간 포병을 최대한 활용하여 적을 격파해 왔다. 그러나 워털루 결전에서 포병을 활용하려면 땅이 천천히 마를 때까지 긴 시간 기다리는 수밖에 없었다. 비장의 카드인 포병을 진흙 벌판에서 움직일 수 없었기 때문이다. 정오 무렵까지 출전을 지연시킨 것이 화근이 되어 프랑스군이 영국군에 공격을 시작한 오후 4시 30분경 프로이센군이 전쟁터에 도착했고 프랑스군에 치명적인 공격이 쏟아졌다. 비가 프랑스 황제의 야망에 종지부를 찍은 것이다.

『TIDE OF WAR』
David R. Petriello, Skyhorse Publishing, 2018

---

1 군사 전략에서 전력이 소모되어 군대가 더 이상 작전을 수행할 능력이 없는 시점

자료1 나폴레옹의 백일천하

1815년 2월 26일	유배지 엘바섬(지중해)을 탈출
3월 1일	칸 부근에 상륙, 파리를 향해 진군
3월 20일	파리 입성, 제위에 복귀
6월 9일	나폴레옹 타도를 목적으로 한 「제7차 대프랑스 동맹」 결성됨
6월 18일	워털루 전투에서 패배
6월 22일	제위에서 퇴위
7월 31일	세인트헬레나섬(대서양)으로 유형

전쟁터에서는 늘 예상하지 못한 일이 일어납니다. **포병은 나폴레옹이 가진 비장의 카드였습니다. 워털루를 진흙밭으로 만든 폭우는 이들을 네 시간 동안이나 묶어 두었지요. 이것이 전투의 승패를 좌우**했습니다. 나폴레옹의 전술은 심플하고 철저한데, 적의 주도권을 빼앗고 공격하는 것이었습니다.

처음에는 야전포를 대량으로 동원해 적의 최전방 보병을 산탄으로 사격합니다. 큰 화력으로 사기를 뒤흔들어 최대한의 손해를 입힘으로써 적의 횡대 대형에 구멍을 내는 것이지요(**돌파구 형성**). 포병이 사격하는 동안 경보병(유격병)은 사방으로 흩어지면서 머스킷 총의 유효 사거리 안으로 전진합니다. 자유분방한 사격으로 적 장교나 포수를 저격하기 위함입니다.

적의 저항력이 약해졌을 때를 틈타 중기병과 보병을 투입합니다. 경보병은 옆으로 물러나고 승마기병은 적 기병을 돌파해 후방으로 이어진 보병의 방진을 습격합니다(**돌파구 확대**). 방진은 기병에게 유리하지만 기포병에게는 사격 목표가 되므로, 포병은 적 보병에게 산탄으로 초근거리 사격을 가합니다.

끝으로 적에게 회복할 틈을 주지 말고 만반의 준비를 한 채 대기하던 경기병과 보병 예비대 전력을 한꺼번에 투입해 전투에 매듭을 짓습니다 (**돌파 목표 탈취**).

나폴레옹식 전투 방식의 성공은 '여러 대의 야전포를 어떻게 최전선으로 진출시키는가', 즉 전쟁터에서의 야전포의 기동력에 달려 있습니다. '한번 설치한 야전포는 사격 진지에서 쉽게 움직일 수 없다'는 것이 나폴레옹 이전의 전쟁 상식이었습니다.

전쟁터에서 야전포를 기동성 있고 유연하게 운용한다는 획기적인 발상은 나폴레옹의 독창적인 생각이 아니라 **그리보발 시스템**이라는 기반이 있기에 실현 가능한 일이었습니다. 나폴레옹은 이미 존재하던 그리보발 박격포를 대담한 발상 하에 실전에서 적극적으로 활용했습니다.

> 포병 감독관 장 바티스트 바게트 드 그리보발의 감독에 의해 대포는 표준화되고 부품은 호환성이 갖춰졌다. 장약 개량은 사거리를, 조준기 개량은 정확성을 높였고 가벼운 포가는 이동에 필요한 견인력을 대폭 낮춰 필요한 곳이라면 어디든 동원할 수 있게 되어 대포는 전쟁터 안팎에서 매우 순응력 높은 무기가 되었다.
>
> 『War in European History』
> Michael Howard, Oxford University Press, 2009

■ 그리보발(Gribeauval) 시스템은 무엇이 획기적이었나?

1765년 그리보발 시스템이 도입되기 전 프랑스군의 대포에는 발리에르 시스템이 적용되어 있었습니다. 발리에스 시스템은 공성포나 요새포로 사용되는 **중포**와, 18세기형 대규모 횡대 전투에서 사용되는 **경량포**의 구별이 없어 전투 양상에 따라 유연하게 운용할 수 없었습니다.

포가

탄약차   포차(림버)

그리보발 시스템. 포차(砲車)와 포가를 연결, 말에게 끌게 함

　포병 감독관 그리보발이 고안한 시스템의 중요한 특징 중 하나는 **모든 구성품의 규격을 통일했다**는 점입니다. 규격 통일의 목적은 **포가, 포차(림버), 탄약차의 모든 부품을 호환시키는 것**이었습니다.

　그리보발 시스템의 장점은 중량이 줄어든 점 외에도 가지고 다니기 좋은 디자인으로 바뀌어 이동이 쉬워졌다는 점입니다. 그렇기 때문에 야전군은 야전포를 끌고 다닐 수 있게 됐습니다. 또한 생산 역시도 간편해져서 8파운드 대포와 12파운드 대포의 총수량이 보병대대당 0.6문에서 1.6문으로 증가했습니다. 결과적으로 최전방 보병부대의 지원 화력이 2.5배 강화되었습니다.

　그리보발 시스템의 또 다른 성과는 **포병을 정규군으로 승격시켰다**는 것입니다. 그리보발 개혁 이전의 보병이나 기병은 군대의 정규직이었으나 대포를 다루는 포수는 민간인 신분의 전문가 집단으로 정규군이 아니었습니다.

　그리보발 시스템을 운용하기 위해서는 많은 병사가 필요했습니다. 그래서 프랑스 혁명군과 육군은 포병 인원을 눈에 띄게 증강하고 후방에서 보급과 정비를 하는 요원을 대거 보조부대에 배치했습니다. 1801년에는 도보 포병연대 여덟 개, 기포병연대 여섯 개 등이 편성되었고 이후에도 포병부대가 증강되어 나폴레옹은 유럽에서 가장 근대화된 포병을 거느리고 승리를 거듭했습니다.

자료2 그리보발 대포의 사양

대포 종류	대포 구경	포탄 직경	대포 길이	중량	포수	말의 수
12파운드	121.3mm	118.1mm	229cm	880kg	15명	6마리
8파운드	106.1mm	103mm	200cm	580kg	13명	4마리
4파운드	84.0mm	80.1mm	157cm	290kg	8명	4마리
6인치 유탄포	165.7mm	162.4mm	85cm	330kg	13명	4마리

출처: 『Napoleon's Guns 1792~1815(1)』, Renè Chartrand, Osprey Publishing, 2003

나폴레옹은 '보병과 기병 천 명당 대포 4문을 기준으로 한다' 또한 '최대한 많은 포병을 보병과 기병사단에 배치하고 최소 인원만 예비대로 남긴다. 대포 1문당 탄약 삼백 발을 직접 휴대하라'라고 몸소 지시했습니다.

포병은 크게 기포병(horse artillery)과 도보포병(foot artillery), 두 종류로 나뉘어 부대가 이동하거나 행군할 때 포가와 포차를 연결해서 여섯 마리에서 여덟 마리의 말에게 끌게 했습니다. 이때 포수는 말을 타거나 탄약차 등에 걸터앉아 이동했습니다(**자료2**).

기포병과 도보포병 운용의 근본적인 차이는 사격 진지를 점령하고 사격을 가할 때 그리고 진지를 바꿀 때 드러납니다. 기포병은 포가와 포차가 연결된 말을 끌고 새로운 사격 진지로 이동합니다. 이때 이동시간이 있기에 전시 상황에 곧장 대응하기가 어렵습니다. 반면에 도보포병은 포가와 포차를 연결하는 일 없이 포수가 숄더 벨트에 달린 견인 로프로 대포를 끌고 사격 진지를 바꿔 곧장 사격합니다.

자료3 그리보발 대포의 유효 사거리

대포 종류	포환(BALL)	포도탄(GRAPE)	산탄(CANISTER)
12파운드 대포	900~1,000m	500~700m	500m
8파운드 대포	800~900m	400~600m	400m
4파운드 대포	800~900m	300~500m	300m

출처: 『Napoleon's Guns 1972~1815(1)』, Renè Chartrand, Osprey Publishing, 2003

야전포의 기동력은 개혁을 거쳐 눈에 띄게 좋아졌습니다. '대포를 포수가 로프로 끌기', '방향을 더 효과적으로 조정할 수 있도록 포가차 후미에 레버 달기', '포신을 신속하고 정확하게 조준하기 위해 스크류식 상하 조절장치 이용하기', '이동 시에는 포가의 두 다리 위에 탄약 상자를 싣고, 사격 시에는 포차에 실어 곧장 탄약을 보급하기'가 실현되었기 때문입니다.

포병의 사격 목표는 적의 보병입니다. 사용되는 탄약에는 포환과 포도탄, 산탄 세 종류가 있는데 300~700m거리에 있는 보병에게 효과적인 것으로 포도탄과 산탄이 주로 쓰입니다. 전쟁터의 포병은 신속하게 사격하는 것과 보병의 움직임에 맞춰 직사거리 내로 재빠르게 이동하는 것을 기본으로 합니다. 산탄은 머스킷 총의 탄알로 쓰고 포도탄은 조금 큰 탄알을 케이스에 수납하는 형식으로 씁니다. 특히 포도탄은 원거리 사격에 사용됩니다.

중포라고 할 수 있는 12파운드 대포는 종종 대량으로 투입되었는데, 1806년 이후 보병의 질이 저하됨에 따라 군대나 사단에 더 많이 배치되었습니다. 12파운드 대포의 소지율이 높은 기포병은 항상 나폴레옹 직속 예비군으로 대기하고 있다가 특정 임무에 투입되었습니다.

■ 어째서 나폴레옹은 워털루에서 이기지 못했나?

1장의 테마는 전날 밤 내린 폭우로 포병 전개가 네 시간 지연되는 바람에 나폴레옹이 승리를 놓쳤다는 내용입니다. 워털루의 들판이 진흙탕이 되었던 1815년 6월 18일의 하루로 돌아가 봅시다.

자료4 6월 18일 아홉 시경의 형세

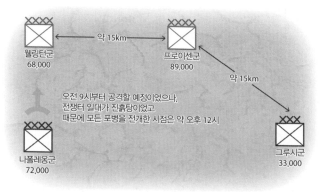

나폴레옹은 오전 9시부터 공격할 예정이었으나 전날 밤 내린 폭우로 전쟁터 일대가 진흙탕이 되어 기병과 포병 전개가 크게 늦어졌습니다.

영국군(웰링턴 장군)과 프로이센군(블뤼허 장군)이 합류해 힘을 합치면 나폴레옹군은 압도적으로 불리했습니다. 말하자면 **나폴레옹군의 승산은 영국군과 프로이센군이 분리된 틈에 그들을 각개 격파하는 데** 달려 있었습니다.

나폴레옹은 본인이 임명한 마지막 원수 그루시가 프로이센군을 억류하여 영국군과 합류하는 것을 막을 수 있다고 생각했습니다.

그러나 현실은 달랐습니다. 공격은 오후 1시 30분에 시작된 데다 그루시의 군대는 프로이센군을 억류하지 못하고 프로이센군 주력의 이동을 허용하고 말았습니다.

그루시군은 워털루 전투 이틀 전 전초전이 된 리니 전투에서 프로이센 군을 격파했으나 그 후에는 움직임이 활발하지 않았습니다. 나폴레옹식 지휘 통솔의 한계로 인해 프로이센군이 북쪽으로 퇴각했음을 모르는 상태에서 그루시는 독단적으로 행동할 수 없었기 때문입니다. 그 결과 그루시군은 유병이 되어 프로이센군이 결전으로 나아가는 것을 저지하지 못했습니다.

전투를 예측할 때는 지휘하에 있는 모든 병력을 결집해 유병(전체에 기여하지 않는, 임무가 주어지지 않는 부대)을 만들지 말라는 근본적인 원칙이 있다. 때로는 한 개 대대가 그날의 전투를 결정한다.

나폴레옹 격언 29

자료5 6월 18일 16시 30분경의 형세

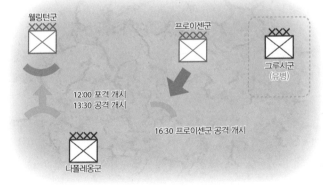

웰링턴군

프로이센군

그루시군 (유병)

12:00 포격 개시
13:30 공격 개시

16:30 프로이센군 공격 개시

나폴레옹군

자료6 6월 18일 19시 30분경의 형세

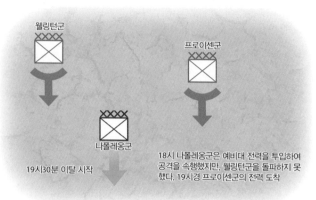

웰링턴군

프로이센군

나폴레옹군

19시30분 이탈 시작

18시 나폴레옹군은 예비대 전력을 투입하여 공격을 속행했지만, 웰링턴군을 돌파하지 못했다. 19시경 프로이센군의 전력 도착

프로이센군은 오후 4시부터 속속 나폴레옹군의 오른쪽에 도착해 오후 4시 30분부터 공격을 시작했고, 오후 7시에는 프로이센군이 거의 다 도착해 전력이 완성되었습니다. 양면전쟁[2]이 되자 나폴레옹은 모든 예비대를 투입했으나 상황을 뒤집기에는 역부족이었습니다. 나폴레옹군은 오후 7시 30분부터 전장을 이탈하기 시작했습니다.

한편 그루시와는 달리 드제 군단장은 1800년 6월 14일 벌어진 마렝고 전투에서 포성이 울려 퍼지는 곳으로 방향을 틀었습니다. 그는 나폴레옹군에 합류해 위기에 처한 그들을 구해냈습니다.

나폴레옹군이 워털루에서 낳은 사상자 수는 2만 2천 명으로, 대포는 220문이 소실되었습니다. 15일부터 치른 전투를 포함하면 사상자가 무려 6만 명에 달합니다. 웰링턴군의 사상자 수는 워털루에서만 2만 2천 명, 프로이센군을 포함하면 5만 5천 명입니다.

전쟁은 실수의 연속으로 예부터 '**실수가 적은 쪽이 이긴다**'라고 했습

---

2 한 국가가 두 개 이상의 국가와 전선을 형성하여 전쟁을 벌이거나 대치하는 것을 이른다.

니다. 전쟁의 신으로 불린 나폴레옹도 워털루 전투에서는 많은 착오를 일으켰고 그것이 복합적으로 쌓여 패배의 쓴맛을 봤습니다.

결전 전날 밤 내린 폭우는 어쩔 수 없는 자연현상이지만 나폴레옹에게서 승리를 빼앗은 큰 요인이었습니다.

나폴레옹군의 자랑이던 포병이 전쟁터의 진흙탕에 가로막혀 네 시간 동안 발이 묶인 일은 치명적이었습니다.

그런데 어째서 포병은 움직일 수 없었을까요?

도로 밖 차량의 기동 능력을 평가하는 객관적인 수치로 **접지압**(接地壓)이라는 것이 있습니다. 접지압은 단위 면적당 중량(kg/cm^2)으로 나타내는데 인간은 두 다리로 체중을 지탱하여 접지압이 $0.4{\sim}0.5kg/cm^2$입니다. 승용차는 네 타이어로 차체를 지탱하여 $1.5{\sim}2.5kg/cm^2$가 됩니다. 포가와 포차는 네 바퀴로 대포의 중량을 지탱하며 접지압은 $1.5{\sim}4kg/cm^2$로 추정되는데, 진흙탕에서는 움직일 수 없는 수치입니다.

나폴레옹3세 당시 제조된 것으로 남북전쟁에서 사용됐다. 이런 대포가 진흙탕에 약할 것이라는 점은 누구나 상상할 수 있다. 무게는 12파운드

디엔비엔푸

프랑스 군을 무릎 꿇린 열대 몬순

영국의 뒤를 이어 동양을 점령하기 위해 진출한 프랑스는 인도차이나를 점찍었습니다. 나폴레옹 3세 시절, 프랑스인 선교사의 포교를 방해하고 참찰한 일을 구실로 프랑스는 군사를 보내 사이공을 점령하고 당시 베트남 왕으로부터 사이공을 포함한 코친차이나를 할양받았으며, 그 후 서쪽 인근의 캄보디아를 보호국으로 삼아 1863년 인도차이나 패권의 기초를 확립했습니다.

그 후 프랑스는 베트남 수도 후에를 군사 점령하여 베트남을 보호국으로 삼고 하노이를 포함한 북부 지역 통킹을 직할령으로 편입했습니다. 또한 서쪽 인근의 태국에 요구하여 메콩강 동쪽을 할양받습니다. 그리하여 1887년, 프랑스령 인도차이나(현재의 라오스, 베트남, 캄보디아)라는 광대한 식민지가 형성되었습니다(자료1).

2차 대전이 발발함에 따라 프랑스 본국이 독일에 항복하고 그 직후 1940년 9월 일본군이 프랑스령 인도차이나 반도를 침공했으며 그 후 일본군에 의한 군정 실시, 프랑스군의 무장 해제, 바오다이 황제에 의한 베트남 제국의 독립 등에 의해 프랑스의 약 80년간에 걸친 식민지 지배는 끝났습니다.

그러나 1945년 8월 15일 일본이 패전하고 무조건 항복하면서 인도차이나의 정세는 격변하게 됩니다. 1930년 홍콩에서 결성된 베트남공산당은 베트민을 조직해 활동을 이어 가고 있었는데 격변기를 틈타 전국에서 봉기하고 바오다이 황제를 퇴위시켰으며, 2차 대전이 끝난 9월 2일 하노이에서 베트남 민주공화국 수립을 선언한 뒤 호찌민을 대통령으로 취임

자료1 프랑스령 인도차이나

중국

통킹주

디엔비엔푸 ● 홍강 ●

하노이

라오스주

루앙프라방 ●

통킹만

비엔티안 ●

메콩강

후에 ●

태국

캄보디아주

안남주

톤레사프호

프놈펜 ●

사이공강

사이공 ●

코친차이나주

시암만

남중국해

1887년부터 1954년까지 존재

시켰습니다.

일본이 패전한 틈에 프랑스는 미국의 경제 원조를 받아 인도차이나에 군사 간섭을 진행하여 식민지 재지배를 꾀합니다. 그에 **호찌민** 대통령이 저항해서 1946년부터 본격적으로 독립전쟁이 시작됩니다.

프랑스는 1946년 10월 27일에 발족한 제4공화국 헌법에 의거하여 베트남이 식민지로 구성된 '프랑스 연합' 내의 자유 국가임을 인정했습니다. 하지만 **호찌민 대통령은 그저 완전한 독립 국가를 꿈꿨습니다.**

일본군으로부터 해방된 프랑스군 병사 약 1,000명은 1945년 9월 23일, 인도차이나 남부를 위탁 관리하는 영국 연방군의 지원 속에서 재무장하고 공격을 개시했습니다. 병사들은 공공기관을 점거하고 사이공 전역을 제압했습니다.

10월 5일에는 프랑스 본국에서 증원부대가 도착해 메콩 델타 지역을 제압함으로써 프랑스는 막대한 권익을 남길 수 있는 코친차이나를 다시 지배하게 되었습니다.

그리하여 프랑스와 베트민의 전투는 **디엔비엔푸**에서의 55일간의 결전 (1954년 3월 30일~5월 7일)으로 승부가 날 때까지 이어집니다.

프랑스군 증원부대는 코친차이나를 평정하고 조금씩 진군했습니다. 그리고 마침내 1946년 3월 북부에 주둔함으로써 인도차이나로 복귀했습니다.

1949년 10월 탄생한 중화인민공화국은 이듬해부터 베트남을 본격 지원합니다. 당초 프랑스의 인도차이나 복귀를 반대했던 영국은 1950년 2월 인도차이나 내 프랑스를 돕기로 결심하고 6월경부터 군사 원조와 경제 원조를 시작합니다. 6월 25일 한국전쟁이 발발하자 '동남아시아 적화 방지'라는 대의명분을 내걸고 미국이 인도차이나에 개입하고 나선 것입니다.

> 8월의 눈부신 나날 동안 해방군은 결집된 준군대를 통합하며 병력 수를 급속도로 증대해 나갔다. 일본군과 민병대원 보안족(바오안)으로부터 빼앗은 여러 잡다한 무기(소총뿐이었으나 그 또한 16가지에 달해, 그중에는 프랑스 구식 소총이나 일본군이 빼앗은 차르국(제정 러시아군)의 소총도 있었다)를 들고, 장비가 빈약한 그 젊은 군대는 곧장 근대 무기를 든 프랑스 원정군의 침략에 맞서야 했다.
>
> 『people's War people's Army』 Vo Nguyen Giap, Praeger, 1962

베트민군은 1953년 우세한 북부 세력을 라오스에 전개했습니다. 더불어 통킹 델타에서도 활발히 활동하며 프랑스군을 농락했는데, 이 무렵 프랑스군은 점과 선을 확보하는 게 고작이었습니다.

이러한 정세 속에서 프랑스 파견 군사령관 앙리 나바르 장군은 하노이에서 470km, 라오스 국경에서 35km 떨어진 산악 요충지 디엔비엔푸에 야전 참호 진지를 구축하고 베트민군을 유인하여 단번에 격파하겠다는 계획을 세웠습니다.

> 디엔비엔푸는 서북 산악 지대에 있는 길이 18km, 넓이 약 6~8km에 이르는 거대 평원이다. 디엔비엔푸는 베트남·라오스 국경 지방과 인접한 구릉 지대의 4대 평원 중 가장 크고 풍요로운 곳이다. 또한 그곳은 여러 주요 도로의 합류점에 위치하여 동북쪽으로는 라이쩌우, 동쪽과 동남쪽으로는 뚜언자오, 선라, 나산, 서쪽으로는 루앙프라방, 남쪽으로는 삼누아로 이어지는 도로가 놓여 있다. 작전지인 박보와 상부 라오스 내에서 디엔비엔푸는 가장 중요한 전략 지점이자 능률 좋은 보병·공군 기지가 될 수 있는 장소였다.
>
> 『people's War people's Army』 Vo Nguyen Giap, Praeger, 1962

프랑스군에 있어 디엔비엔푸는 **불리한 전세를 역전시킬 거점이자, 베**

트민군을 격파할 덫으로 라오스의 모든 물자 보급마저 차단할 수 있는 요
지였습니다.

자료2 디엔비엔푸 야전 참호 진지의 전력

지휘관: 크리스티앙 드 카스트리 대령
총병력: 1만 6천 2백명

보병부대	17개 보병대대	
공정부대	3개 낙하산부대	
포병부대	3개 야전포대대	105mm 유탄포 24문
		155mm 유탄포 4문
		120mm 박격포 28문
공병부대	1개 대대	
장갑부대	1개 중대	M24 전차 10대(공수)
수송부대	1개 수송대	트럭 200대
항공부대	1개 상주 비행대	비행기 12대(정찰기, 전투기)

프랑스군 야전 참호 진지 주변은 탁 트여 있어 '베트민의 공격은 포병
의 화력과 항공 공격으로 무너뜨릴 수 있다'라는 생각했고 베트민군이
총력을 기울여 공격할 수 없을 것 같았습니다.

프랑스군의 계획은 디엔비엔푸에 몬순이 도래하면서 실패했다. 방어 시설이 물
에 잠겼을 뿐만 아니라 공중보급마저 힘들어졌기 때문이다. 프랑스군은 건기에
이곳을 전력화하려 했으나 비가 작전에 끼치는 영향을 간과했다.

『TIDE OF WAR』

David R. Petriello, Skyhorse Publishing, 2018

자료3 디엔비엔푸의 기상

	평균 최고 기온(℃)	평균 최저기온℃)	강수량(mm)	강수일 수 (일)
1월	23.7	12.1	21	4.8
2월	25.9	13.1	31	4.1
3월	29.1	15.5	55	5.8
4월	30.9	19.1	111	12.4
5월	31.6	21.6	187	17.1
6월	31.1	23.2	274	20.3
7월	30.3	23.2	310	22.4
8월	30.2	22.8	313	21.3
9월	30.2	21.7	151	13.4
10월	28.9	19.1	65	8.7
11월	26.3	15.4	31	5.5
12월	23.6	12.1	21	3.7

프랑스군이 디엔비엔푸에 낙하산부대를 떨어뜨린 시점은 1953년 11월 20일입니다. 이후 차츰 병력을 증원하고 방어 태세를 강화하여 베트민군의 디엔비엔푸 작전이 시작되었을 때는 총병력 1만 6천 2백명에 달했고 참호 진지도 강화되어 있었습니다. 이 시기가 바로 **건기**입니다.

베트남의 날씨는 북부, 중부, 남부가 크게 다릅니다. 베트남 북부 지역은 완만한 사계절이 있는 **열대 몬순 기후**에 속했습니다. **자료3**에서 볼 수 있듯이 디엔비엔푸는 10~3월에는 건기였다가, **4월경부터 우기에 접어들어 9월경까지 비**가 계속됩니다.

3월의 강수일수는 5.8일, 강수량은 55mm이지만 4월에 접어들면 강수일수는 12.4일, 강수량은 111mm로 급격히 늘어납니다. 말하자면 '우기의 시작'으로, 억수 같은 비가 전쟁터 환경을 크게 변화시킵니다.

프랑스군의 최대 약점은 보급을 전면적으로 공수에 의존했다는 점입니다. 특히 탄약과 식량은 계속 보급돼야 하는데, 그러기 위해서는 두 가지 조건, 즉 비행장 확보와 지속적인 수송기 운항이 받쳐 줘야 합니다.

결론부터 말하자면 비행장은 베트민군의 포격과 강우에 의한 침수로 사용할 수 없게 되었고, 우기가 시작되면서 하늘은 구름에 뒤덮여 수송기 운항은커녕 비행 자체가 제한되었습니다. **우기가 시작되어 프랑스군의 공수나 낙하산에 의한 물자 공중 투하는 제한을 받거나 불가능해진** 것입니다.

프랑스군은 건기 동안 베트민군을 격파할 계획이었지만 베트민군은 건기를 이용해 약 세 달간 완벽하게 공격 준비를 해왔습니다. '작전을 우기까지 지연시키면 확실히 이길 수 있다'라는 확신이 있었기 때문입니다.

항공 전력과 공중 기동력에 과도하게 의존하는 현상은 디엔비엔푸 전투에서만 나타난 것이 아닙니다. 2차 베트남 전쟁에서는 미군이 똑같은 상황에 닥칩니다. 북베트남군은 1972년 우기가 오기를 기다렸다가 미군의 항공 전력이 힘을 발휘하지 못하는 몇 달간 큰 공세를 펴부었습니다.

요약하자면 전술상의 여러 문제를 해결할 목적으로 전쟁터 지형의 기복을 역이용한 것이다. 우리는 매우 큰 난관을 극복했다. 지역 동포들에게 식량을 보급받아야 했는데, 그들은 타인호아나 푸토에서 아주 위험한 장소와 높은 언덕을 지나 서북쪽까지 수 백 킬로미터에 이르는 보급로를 개척했다. 그리고 모든 수단을 강구하여 식량과 탄약을 전방으로 날랐다. 우리 군과 지원군은 끊임없이 전방으로 나아가 적기의 폭격과 총격 속에서 적극적으로 작전 준비에 참여했다.

「people's War people's Army」 Vo Nguyen Giap, Praeger, 1962

베트민군은 네 개의 보병사단과 한 개의 포공사단(약 9만 명의 병사,

105mm 유탄포 24문, 75mm 산포 20문, 82mm 박격포 54문, 120mm 박격포 20문, 37mm 고사포 24문 등)으로 1954년 3월 첫째 주에 작전 준비를 마쳤습니다.

베트민군은 프랑스군의 의표를 찔러 인력으로 대포, 탄약을 동북쪽 산 정상으로 운반하여 3월 13일부터 세 차례에 걸쳐 공격을 감행함으로써 프랑스군 진지를 괴멸했습니다(**자료4**).

- **1차 공격(3월 13~16일)**: 외곽 진지를 제압함으로써 힘람 고지에서 프랑스군 진지를 직접 화력으로 공격.
- **2차 공격(3월 30일~5월 1일)**: 희생을 불사하는 인해전술이 이어졌다. 베트민군은 참호를 파며 공격을 속행, 프랑스군 내곽 진지를 함락시켰다. 프랑스군은 비행장을 이용하지 못하고 고립 상태가 됐으며 보급은 고공 투하를 통해서만 받을 수 있었다.
- **3차 공격(5월 1~7일)**: 5월 1일부터 백병전이 펼쳐져 5월 7일 오후 4시 30분 중대장이 지휘하는 한 개 중대가 프랑스군 사령부에 돌입. 오후 5시 30분, 프랑스군 항복.

■ 베트민군을 과소평가한 프랑스군

프랑스군은 '베트민군이 총력을 기울여 공격하는 일은 불가능'하다고 생각했습니다. '공격에는 방어부대의 세 배 남짓한 전력이 필요'한데 '베트민군은 특히 포병과 병참 면에서 이 조건을 채울 수 없다'라고 베트민군의 능력을 현저히 낮게 평가했기 때문입니다.

프랑스군은 베트민군이 디엔비엔푸의 동쪽 산지(정글)를 이용할 수 없다고 생각했지만, 베트민군은 이 산 정상에 대포를 끌어 올려 사격 진지로 이용했습니다.

병참 면에서도 지원 복무자를 대량 동원하여 프랑스군의 제공권이 미치지 않는 산간 도로를 통하거나 야간을 틈타 보급을 확보했습니다.

자료4 디엔비엔푸 공략도

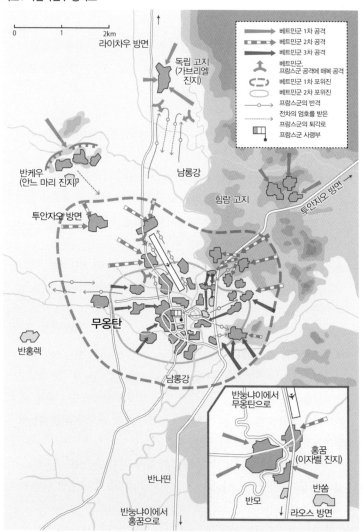

0 1 2km
라이차우 방면

베트민군 1차 공격
베트민군 2차 공격
베트민군 3차 공격
베트민군,
프랑스군 공격에 매복 공격
베트민군 1차 포위진
베트민군 2차 포위진
프랑스군의 반격
전차의 엄호를 받은
프랑스군의 퇴각로
프랑스군 사령부

독립 고지
(가브리엘
진지)

남롱강

반케우
(안느 마리 진지)

힘람 고지

투안자오 방면

투안자오 방면

무옹탄

반홍렉

남롱강

반눙냐이에서
무옹탄으로

홍꿈
(이자벨 진지)

반모

반쏨

라오스 방면

반나띤

반눙냐이에서
홍꿈으로

『people's War people's Army』, Vo Nguyen Giap, Praeger, 1962

베트민군은 프랑스군의 의표를 찔러 **게릴라성을 가미한 공격에 총력을 기울임**과 동시에 몬순의 도래를 계산에 넣어 디엔비엔푸에서 프랑스군을 압도하고 섬멸했습니다.

그 일등 공신이 **'붉은 나폴레옹'이라 칭송받던 보응우옌잡 장군**입니다. 그는 하노이 중학교에서 역사 교사였지만 정식 군사 교육은 받지 않았습니다. 산 정상까지 대포를 지고 나른 일화는 불가능을 가능하게 한 군신 나폴레옹을 방불케 합니다. 그는 독학으로 군사학을 배웠는데, 마오쩌둥과 나폴레옹 등을 철저히 연구하고 실전에서 게릴라전 경험을 쌓아 20세기 굴지의 명장이 되었습니다.

1954년 7월 20일 제네바회의에서 인도차이나 휴전 협정이 조인되어 인도차이나 3국은 독립을 이루었고 프랑스령 인도차이나는 해체되었습니다. 프랑스는 퇴장했으나 베트남은 남북으로 분단되었고, '베트남이 적화되면 동남아시아가 적화된다'라는 도미노 이론에 따라 '반공의 보루' 남베트남 정부를 지원하는 미국을 상대로 새로운 싸움(2차 베트남 전쟁)이 시작됩니다.

1975년 4월 30일 북베트남군의 T-54 전차가 남베트남 대통령 관저로 돌입하여 사이공이 함락되었다. 사진은 옛 관저에 보존된 해당 전차

접지압

장갑차는 통과해도 전차는 통과하지 못하는 이유

전차 등 무한궤도 차량의 도로 밖 기동 능력을 평가하는 요소는 노면의 성질, 접지압, 캐터필러의(벨트)의 치수 · 모양 등이 있습니다. 객관적인 수치로는 보통 **접지압**을 사용합니다. 접지압이란 단위 면적당 중량(kg/cm²)을 말합니다.

인간은 두 다리로 체중을 지탱하기에 지면에서 받는 접지압은 0.4~0.5kg/cm² 정도입니다. 승용차는 네 개의 타이어로 차체를 지탱하기에 상대적으로 접지압이 큰 1.5~2.5kg/cm²가 됩니다. 승용차가 진창이나 눈길에 약한 것은 모두가 알고 있습니다. 눈 위를 경쾌하게 달리는 설상차가 0.1~0.2kg/cm²이고 스키가 0.03~0.05kg/cm²입니다. 주력 전차(MBT)는 0.8~1.2kg/cm², 장갑차(APC)는 0.4~0.6kg/cm². 말하자면 장갑차는 인간이 걸을 수 있는 지면을 통과할 수 있지만, 주력 전차는 통과하기 곤란합니다.

바르바로사 작전(2차 대전 때 이루어진 독일군의 소련 침공 작전)에 등장한 소련 붉은군대의 T-34/76 전차(접지압 약 0.9)는 독일군의 3호 · 4호 전차(접지압 약 1.1)에 비해 벨트 폭이 약 20% 넓었는데 그 미묘한 차이가 습지, 진창, 눈길이 많은 러시아 땅에서 승부의 명암을 갈랐습니다(60쪽, 2-3 참조).

각종 차량 등의 접지압(kg/cm²)

주력 전차(MBT)	0.8~1.2
장갑차(APC)	0.4~0.6
설상차	0.1~0.2
승용차	1.5~2.5
스키	0.03~0.05
인간	0.4~0.5

시간당 강우량

전쟁터를 바꾼 시간당 2.5mm의 힘

최근 몇 년 사이 일본 각지에 쏟아진 집중호우 때문에 100mm라는 수치가 일본에서도 드물지 않게 되었습니다. 2018년 여름에는 '기상 재해'라는 말이 나올 만큼 호우가 무서운 위세를 떨치기도 했습니다. 시간당 강우량 10mm만 되어도 혼란에 빠지는 일상생활인데, 야외 활동이 기본인 전쟁터에서는 한층 까다로워서 **시간당 2.5mm 이상이면 전투·작전에 차질이 빚어집니다.**

다음은 '비의 강도와 양상'을 나타낸 기상청 자료의 일부인데, 최근 지구 온난화의 영향이 확대되어 지구 전체에서 이상 기상이 '일반화되기도 했습니다.

시간당 강우량(mm)	예보 용어	체감 정도	실외 상황
10 이상~20 미만	다소 강한 비	주룩주룩 내린다	지면에 온통 물웅덩이가 생긴다
20 이상~30 미만	강한 비	억수로 내린다	
30 이상~50 미만	거센 비	양동이로 퍼붓듯이 내린다	도로가 강처럼 변한다
50 이상~80 미만	매우 거센 비	폭포수처럼 내린다 (요란하게 계속 쏟아진다)	물보라로 인해 시야 확보가 어렵다
80 이상~	맹렬한 비	숨 막힐 듯한 압박감이 있다 공포가 느껴진다	

인공 강우

수자원 공급은 전 세계의 연구 대상

비가 과도하게 내리면 홍수가, 부족하면 가뭄이 발생합니다. 변동 폭이 큰 강수 현상을 인공적으로 조절해 수자원을 안정적으로 공급하는 일은, 초미세먼지(pm 2.5) 등에 의한 대기오염 대책을 포함하여 오늘날 많은 국가의 관심 속에 있습니다.

대기 속을 부유하는 에어로졸[3]을 핵으로 하는 구름 및 얼음에서 빗방울과 눈송이가 생겨납니다. 에어로졸은 화학 성분과 크기가 제각각이고 기원도 다양한데, 구름이 발생하는데는 물기를 흡수하는 성질과 물에 잘 녹는 에어로졸이 중요합니다.

구름씨 뿌리기를 뜻하는 **인공강우(cloud seeding)**는 구름핵이나 빙정핵으로 작용하는 에어로졸을 이용해 구름이나 강수를 인공적으로 변화시키는 의도적인 기상 변조입니다. 항공기를 이용하여 구름 위쪽에서 해수·담수를 살포하는 방식은 여러 선택지 중 하나입니다.

인공 강우는 에어로졸을 지상에서 뿌리는 방법, 항공기나 로켓으로 공중에서 살포하는 방법 등이 있다.

출처: Wikipedia

---

3 매우 미세한 액체나 고체 입자로 대기 속에 흩어져 있는 부유물

제2장

'눈'과 '추위'가 승부를 가른 전투

소련군 앞에 '자연 연합군' 제1진(진흙)이 도우러 나타났다. 머지않아 제2진(동장군)이 소련군을 위해 찾아온다. 러시아 겨울의 혹독한 추위에 진흙탕은 굳겠지만 독일군은 무시무시한 고난에 빠져 진로가 막히게 될 것이다.

『Panzer Division』
Kenneth Macksey, Ballantine Books, 1968

러시아의 동장군 ①

모스크바 침공은 나폴레옹 쇠락의 도입부

1812년 6월 24일, 나폴레옹이 이끄는 러시아 원정군(이하 원정군)은 코브노에서 일제히 강을 건너, 먼 지평선에 이르기까지 살아 있는 것이라곤 전혀 눈에 띄지 않는 광활한 러시아 땅으로 진격을 시작했습니다. 그러나 좀처럼 바라고 기대했던 러시아군과의 결전 기회는 좀처럼 찾아오지 않았습니다.

원정군은 7월 28일, 러시아군이 포기한 비쳅스크(Vitsebsk) 시내로 들어가 열흘간 휴식을 취했습니다. 그 동안 나폴레옹은 구체적인 목표를 '**모스크바 점령**'으로 바꿉니다. 수도를 점령하면 전쟁 목적을 달성할 수 있다고 생각했기 때문입니다. 원정군은 8월 12일, 스몰렌스크를 향해 행군을 재개했다가 16일에 러시아군 주력 12만 명과 맞닥뜨립니다. 러시아군은 결국 18일에 다시 스몰렌스크를 포기하고 퇴각했습니다.

원정군은 러시아군을 쫓아 스몰렌스크에서 더 전진해 9월 5~8일 사이, 보로디노에서 대망의 전투를 벌였습니다. 원정군과 러시아군은 서로 '이겼다'라고 선언했으나 원정군은 러시아군을 격퇴하지 못했습니다.

이 시점에 러시아군 새 사령관으로 임명된 미하일 쿠투조프Mikhail Kutuzov장군은 모스크바를 포기해야 한다고 황제에게 진언했고, 러시아군 주력은 칼루가 부근으로 피신했습니다. '수도를 잃어도 군대가 건재하면 러시아를 구할 수 있다. 모스크바와 군대를 동시에 잃어서는 안 된다'라고 생각했기 때문입니다.

9월 14일, 초가을의 산뜻한 햇살을 받으며 원정군은 버려진 러시아 수도 모스크바에 입성했습니다. 모스크바를 점령했으나 러시아 황제가 나폴레옹에게 화평을 청할 낌새는 전혀 없었습니다. 원정군은 약 한 달간 하는 일 없이 모스크바에 주둔하다가 10월 19일 모스크바에서 철수하기 시작했습니다. 그해 예년보다 빨리 내린 눈으로 **러시아의 매서운 동장군 이 코앞에 닥쳐서 원정군은 별수 없이 철수를 서둘러야** 했습니다.

원정군의 병력은 42만 2천(6월, 코브노)에서 17만 5천(7월, 비쳅스크), 14만 5천(8월, 스몰렌스크), 12만 7천(9월, 그자츠크), 10만(10월, 모스크 바)으로 시간이 갈수록 줄었습니다.

결국 12월 8일, 빌나로 돌아온 인원은 불과 8천 명에 지나지 않았습니 다. 초토화 작전, 러시아군의 추격, 파르티잔의 게릴라 공격, 보급(식량·물자) 단절, 동장군의 사나운 위세(최저기온 영하 38℃) 등으로 **원정군 대부분이 무너졌습니다.**

■ **모스크바 원정의 대손실을 시각적으로 보다**

샤를 조셉 미나르 Charles Joseph Minard(1781~1870)는 교량·도로 전문기사로 에콜 폴리테크니크와 퐁제쇼세에서 공부했습니다. 두 학교 는 오늘날에도 국가 기술계 관료를 양성하는 고등교육기관으로 존재하

자료1 나폴레옹의 행군(1869)

샤를 조셉 미나르는 나폴레옹군의 원정(1812~1813)을 1869년에 그림으로 표현했다. 이것을 통해 얼 마나 많은 원정군을 잃었는지 알 수 있다. 상단의 베이지색은 원정군이 코브노에서 출발할 때, 검정색 은 원정군이 코브노로 돌아올 때의 숫자

며 프랑스에서도 손꼽는 명문 학교로 알려져 있습니다.

나폴레옹 시대에 접어들자 군대 규모가 확대되고 기술이 눈에 띄게 진보했습니다. 그에 따라 근대전을 수행하기 위해 군사 기술 부문의 지도자를 양성하는 일이 급선무가 되었습니다. 나폴레옹은 1794년, 고등직업교육기관 에콜 폴리테크니크를 기술장교 양성을 위한 육군포공학교로 탈바꿈시켰습니다.

미나르는 공병장교로서 교육을 받고 국립토목학교인 퐁제쇼세를 졸업한 후 프랑스 각지에서 운하 · 항만 업무에 종사했습니다. 1841년부터 파리 남부지구의 감독관으로 일하다가 1846년에는 교량 · 도로 감찰관으로 승진, 1851년에 70세의 나이로 퇴역했습니다.

미나르는 퇴역 후 **데이터 시각화**에 뛰어들어 데이터와 지도가 어우러진 그림을 몇 점 그려 출판했습니다. 대표적인 작품이 '**나폴레옹의 행군(1869)**'입니다. 그는 **나폴레옹의 모스크바 원정을 시각화했는데, 시간 경과에 따라 원정군이 감소하는 양상을 병사의 수, 도하한 강의 위치, 행군경로, 기온 등 복잡한 데이터를 일체화**하여 1869년 그림 한 장에 담았습니다. 미나르의 그림은 오늘날에도 '통계적인 도표로 역사에서 손꼽히는 작품'으로 평가받습니다.

나폴레옹의 모스크바 원정은 '회자가 될 만큼 됐다'라고 해도 과언이 아닙니다. 그렇지만 전쟁사 속에서 미나르의 그림이 회자되는 일은 거의 없으므로 이 책을 통해 일부러 소개하려 합니다. 수만 마디의 말로도 다 할 수 없는 이야기를 단 한 장의 그림으로 선명하게 전해 주기 때문입니다.

■ 혹한으로 목숨을 잃는 병사가 속출

10월 19일 철수를 시작한 원정군 10만 명, 대포 530문은 오는 길에 치른 전투로 황폐해진 땅을 피해 남서쪽으로 행군하기 시작했습니다. 차량과 마차 수는 4만 대였다는 설도 있습니다. 21일에 비가 내리기 시작하자

도로가 질척거려 행군 속도가 떨어집니다.

나폴레옹군의 철수 사실을 알아차린 러시아군 총사령관 쿠투조프는 23일 모스크바에서 남서쪽으로 150km 떨어진 말로야로슬라베츠로 이동하여 러시아군 반격을 개시합니다.

10월 27일 진로가 막혔다는 정보를 접한 나폴레옹은 식량 조달이 가능한 남서부 평야를 포기하고 북서쪽으로 돌아 모자이스크로 나아갔고, 그곳에서부터 왔던 길을 되짚으며 스몰렌스크로 향하기로 했습니다. 이것은 최악의 선택으로 원정군 궤멸의 '서곡'이었습니다. 이 무렵 러시아에는 본격적으로 눈이 내려 쌓이기 시작했습니다.

28일 나폴레옹군은 눈보라 속에서 모자이스크에 도착했습니다. 기온은 -4℃였습니다. 30일에는 진눈깨비 때문에 길이 질척거려 마차 행군에 어려움을 겪었습니다. 길게 늘어진 행군 종렬의 측면으로 코사크 병사가 집요한 습격을 거듭했습니다. 31일 나폴레옹은 모스크바에서 200km 떨어진 뱌지마에 도착했는데, 원정군이 큰 전투를 겪지 않았음에도 병사의 수는 절반인 5만 5천 명으로 줄어 있었습니다.

5일 이른 아침, 주력은 뱌지마를 출발하여 곧장 월동 예정지인 스몰렌스크로 향했다. 밤이 되자 눈이 내리기 시작해 기온은 순식간에 영하 20도를 기록했다. 그 때문에 6일 아침부터는 매일같이 야영지 주변에 병자와 부상자가 싸늘하게 식은 채 나뒹굴게 되었다. 전우는 참혹한 유해 속에서 닥치는 대로 옷을 뜯어 걸치고 신발을 벗겨 신었다. 모두의 군장은 흐트러지기 시작했다.

『1812年の雪』, 両角良彦, 講談社, 1985

뱌지마에서 스몰렌스크까지는 150km. 원정군의 최후미 부대가 뱌지마를 출발한 11월 9일, 나폴레옹은 눈 덮인 스몰렌스크에 진입하여 14일까지 체류합니다. 그동안 강한 북풍이 불고 폭설과 한기가 휘몰아쳤습니다.

자료2 1812~1813년 러시아 기온에 따른 원정군의 손실

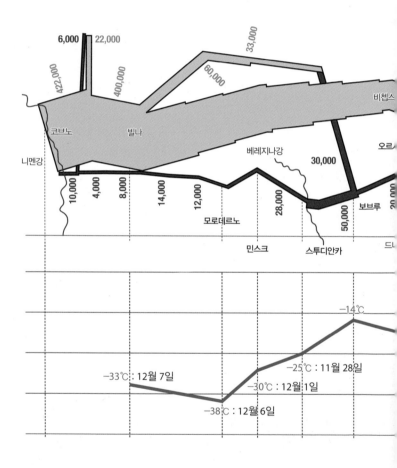

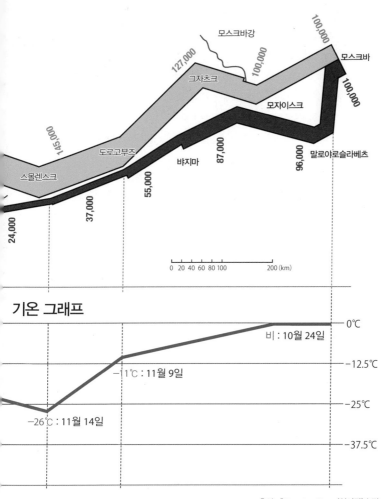

모스크바강

모스크바

그자츠크

모자이스크

100,000

127,000

100,000

100,000

100,000

스몰렌스크

도로고부즈

뱌지마

87,000

96,000

말로야로슬라베츠

145,000

37,000

55,000

24,000

0 20 40 60 80 100   200 (km)

기온 그래프

0℃

비 : 10월 24일

−11℃ : 11월 9일

−12.5℃

−25℃

−26℃ : 11월 14일

−37.5℃

출처 : 『Mapping Time』(영어판)수정

모스크바에서 스몰렌스크까지 가는 20일 동안 원정군은 6만 3천 명의 병사를 잃었는데 스몰렌스크에는 월동 준비도 되어 있지 않고 식량도 없었습니다.

마침내 11월 14일 밤, 기아의 마을 스몰렌스크에서 겨울을 나는 것을 포기하고 원정군은 남서쪽으로 120킬로미터 떨어진 오르샤를 향해 영하 20도의 한기 속을 고개를 숙인 채 무거운 발걸음으로 걷기 시작했다. 병들거나 다쳐 움직이지 못하는 병사는 그대로 방치되어 코사크의 손에 떨어졌다.

추위는 나날이 심해져만 가서 기록에 따르면 18일에는 영하 28도, 야간에는 영하 30도였으며 때로는 영하 31도까지 내려가기도 했다. 하늘을 가던 까마귀가 얼어붙어 돌처럼 추락하는 모습이 보였다. 그리고 눈과 폭풍뿐이었다.

『1812年の雪』, 両角良彦, 講談社, 1985

1812년 11월 25일, 가까스로 오르샤에서 도착한 2만 명의 패주병敗走兵과, 보브루 부근에 대기하던 후방 부대 3만명이 합류하여 5만 명이 조금 넘는 병사가 얼음 뜬 베레지나 강가에 다다랐습니다. 현지는 -20℃를 넘는 혹한에 유일한 다리는 파괴됐습니다. 게다가 주위에는 강 맞은편을 포함해 세 곳에 18만여 명의 러시아군이 포진해 있었습니다. 병력에 대한 기록은 여러 가지가 있는데 이 책에서는 미나르가 그린 그림의 숫자를 참고했습니다.

■ 위기에서 진행된 기적의 다리 공사

나폴레옹은 다리를 놓기 몇 주 전 가교 자재를 가지고 있는 가교 공병 부대에 쓸모없는 자재를 부수거나 버리라고 명령했습니다. '얼어붙은 강은 건널 수 있다'고 판단했기 때문입니다. 하지만 강은 얼어 있지 않았고 양쪽의 기슭은 습지 상태였습니다.

스투디안카 근처에서 나폴레옹은 공병대 지휘관 에블레 장군에게 얼어 있는 강에 2개의 다리를 놓도록 명령했다. 불가능한 요구라고 할 수 있었지만, 황제에 대한 숭고한 헌신으로 300명의 프랑스인 공병이 명령에 따랐다. 자살이나 다름 없는 더없이 영웅적인 행위로, 그들은 얼어붙는 듯한 물살에 들어가 로프로 묶은 나무 기둥을 가로로 삼아 고정했다. 바닥판은 짐마차 바닥이나 통나무집 벽을 뜯어 만들었다. 3백 명의 공병이 유빙이나 산발적인 포격을 아랑곳하지 않고 얼어붙는 듯한 강물에 목까지 담근 채 작업해 목숨을 바쳤다. 그들은 횃불에 의지해서 밤새 작업했다. 불안하긴 해도 목제 다리는 점점 형태를 갖추다가 11월 26일 낮에 드디어 두 개의 다리가 강에 놓였다. 당시의 기술과 자재를 고려하면 기적이라고도 할 수 있는 성과였다.

『The Weather Factor: How Nature Has Changed History』

Erik Durschmied, Arcade Publishing, 2001

나폴레옹은 파괴된 보리소프교를 수리하는 것처럼 속여서 강 맞은편의 치차고프군을 보리소프 부근에 묶어 뒀습니다. 그 사이 스투디안카에서 북쪽으로 몇 km 떨어진 강폭 80~100m의 여울을 찾아 2개의 임시 다리(보병용 다리와 포병용 다리)를 놓게 했습니다. 맞은편 기슭에 러시아군의 모습은 보이지 않았습니다.

미나르의 그림에는 원정군이 다리를 파괴한 29일 새벽까지 맞은편 기슭으로 건너는 데 성공한 병사의 수가 2만 8천 명이라는 냉엄한 숫자로 표기되어 있습니다.

자료3은 패주하는 원정군과 뒤를 쫓던 러시아군이 베레지나강에 집중된 상황을 나타낸 것입니다. 치차고프 해군 중장이 지휘하는 6만 병사가 11월 22일 보리소프 서쪽 기슭에 도착하여 원정군의 진로를 가로막았고, 북쪽에서는 비트겐슈타인의 3만 병사가, 동쪽에서는 쿠투조프의 9만 병사가 밀어닥쳤습니다. 주변으로부터 완전히 포위된 원정군은 그야말로 절체절명의 위기를 맞았습니다.

이처럼 완전한 포위 속에서 베레지나강을 건너는 일은 기적일 수밖에 없었습니다. 그렇다면 어떻게 원정군은 위기 상황을 타개할 수 있었을까요?

자료3 베레지나강을 사이에 둔 원정군과 러시아군(1812년 11월 21~25일)

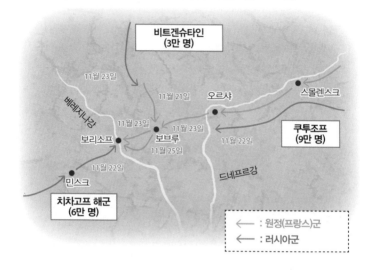

① 세 곳에 분산된 러시아군은 서로 간에 통신 연락이 충분하지 못했다. 당시의 통신 능력, 혹한, 적설과 같은 환경을 고려하면 아무래도 연대할 방법이 없어 셋이 하나가 되어 행동할 수 없었다. 쿠투조프군은 동쪽으로 150km 떨어진 지점, 비트겐슈타인군은 북쪽으로 20km 떨어진 지점, 치차고프군은 보리소프 서쪽 기슭으로부터 10km 떨어진 지점에 각각 위치해 있었다.

② 나폴레옹은 파괴된 보리소프교를 복구하는 것처럼 행동했다. 치차고프군은 눈속임에 걸려들어 전력을 보리소프 맞은편 기슭에 배치했고 실제로 다리를 놓은 장소에는 척후병도 보내지 않았다. 치차고프 해군 중장이 지휘하는 군대는 전반적인 상황을 잘 파악하지 못했다.

③ 나폴레옹은 스투디안카에서 북쪽으로 수 킬로 떨어진 최적의 공사 장소에 단호하게 두 개의 임시교(보병용 다리와 포병용 다리)를 놓도록 명령했다. 패배군이라고는 하나 그랑다르메[4]의 긍지는 남아 있어 아직 군대로서의 조직은 완전히 붕괴되기 전이었다.

④ 불가능해 보이는 상황에서 가교공병이 말 그대로 몸을 바쳐 두 개의 다리를 놓은 덕분에 원정군이 전멸하고 나폴레옹이 포획되는 굴욕을 면했다.

■ 원정군 공병부대에서 엿본 '노블레스 오블리주'

저는 원정군 공병이 베레지나강에서 희생정신에 의거해 말 그대로 목숨을 걸고 임무를 수행한 일을 생각할 때면 '노블레스 오블리주'라는 말이 떠오릅니다. -20℃가 넘는 혹독한 환경에서 얼음 뜬 베레지나강에 목까지 담근 채 다리 공사를 하라고 명하는 것은 상식적으로 '그릇된 통솔'이라고 할 수 있습니다. 그러나 나폴레옹은 명령을 내렸고 공병들은 그에 따랐습니다.

나폴레옹과 공병대 지휘관 에블레 장군의 신뢰 관계, 에블레 장군과 공병들의 신뢰 관계, 그 속에는 상식을 훨씬 뛰어넘는 강한 일체감, 유대가 있었습니다. **선택받은 자에게는 책임이 따른다는 '노블레스 오블리주' 정신이 엿보입**니다.

나폴레옹 시대의 공병에는 토목공병, 지뢰공병, 가교공병, 지리공병이 있었는데 모두 고도의 전문 지식과 기술이 필요하여 공병부대는 독립부대로서 편성되었습니다. 다만, 공병은 독립된 병과가 아니라 포병과의 한 부문으로 도보 포병연대에 속했는데, 공병부대 그 자체는 에콜 폴리테크니크를 졸업한 공병장교가 지휘했습니다.

공병의 임무를 간략하게 말하자면 영구교나 반영구교 건설, 축성과 야

---

4 프랑스군의 역사상 최전성기를 이끈 오늘날 프랑스군의 전신

전 축성으로 한정됩니다. 측량기사는 선발장교로 구성된 소규모 독립 참모로서 지도 작성 및 관련 업무에 종사했습니다.

유럽에는 라인강, 다뉴브강 등 큰 강이 많아 **공병의 가교 능력=군대의 이동 능력**이라고 해도 과언이 아닙니다. 나폴레옹 전쟁사에는 베레지나 강을 건넌 일화 등 프랑스군 폰툰교 대대의 헌신적인 활동이 숱하게 기록되어 있습니다.

다리는 두 차례 무너져 병사, 민간인, 말 모두가 강에 빠졌고 그때마다 공병이 물에 들어가 다리를 수리했습니다. 미나르의 그림은 29일 새벽까지 강 맞은편으로 건너간 병사의 수가 5만 명 중 2만 8천 명이었다고 말합니다. 2만 8천 명을 구한, 묘비명도 없는 공병들의 업적은 오늘날까지 회자되고 있습니다.

그러나 이후 더 나쁜 상황이 그들을 덮친다. 러시아는 종종 '날씨 박람회장'으로 불리며 자연의 맹위와 인간의 무력함을 일깨워 왔다. 프랑스군은 무정한 러시아의 겨울이라는 견디기 힘든 환경 속에 퇴각해 나갔다.

12월 초, 강풍이 평원에 휘몰아치고 기온은 놀랍게도 영하 32도까지 내려갔다. 인간을 무릎 꿇리는 얼음 섞인 돌풍은 잔인한 자연의 포효를 실어 날랐다. 추위와 바람이 복합적인 효과를 자아냈다. 병사들은 처음에는 놀라 긴장했지만 시간이 감에 따라 의식이 산만해졌다. 폭풍은 쉼 없이 그들을 습격하여 외투 소매를, 바지를 나부끼게 했다. 건강 상태는 악화되고, 깜박이는 빛에 시각은 이상해지고, 온몸에 무시무시한 동상이 퍼졌다. '겨울의 신기루' 현상은 더 큰 피해를 낳았다. 높이 쌓인 눈 속에 남은 거리를 알리는 나무 기둥이 줄지어 서 있었다. 많은 사람이 추위로 인해 환각을 보기 시작했다.

『The Weather Factor: How Nature Has Changed History』
Erik Durschmied, Arcade Publishing, 2001

수오무살미 전투

모티 전술에 의한 '유도' '포위' '타격' '섬멸'

　1939년 12월부터 1940년 1월까지의 겨울 전쟁(제1차 소련-핀란드 전쟁)에서 핀란드군은 북극권 기후 풍토의 특성을 살려 소련의 붉은군대 · 저격사단을 포위하고 섬멸했습니다.

자료1 전반적인 형세(1939년 12월~1940년 1월)

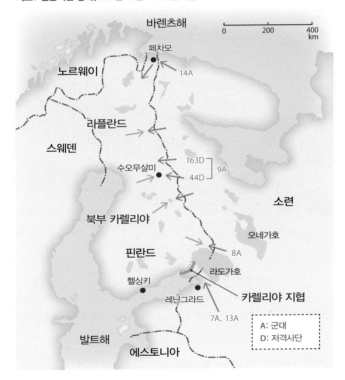

1939년 겨울, 중부와 북부에서 갑자기 소련의 붉은군대 · 저격사단이 국경을 넘어 침공하자 핀란드군은 경전투[5]를 벌여 꽁꽁 얼고 눈 쌓인 삼림, 늪지대로 그들을 꾀어 들였습니다. 핀란드군은 전략적으로는 침공지역(북부 및 중부 지구)과 침공부대 규모로 기습당했으나 **전술적으로는 사전에 예상하고 준비했던 전투를 벌였**습니다.

자료2 제163저격사단(163D) 격파(1939년 12월 11~28일)

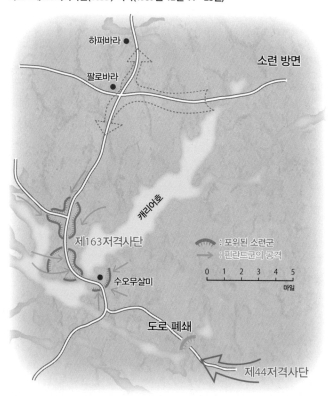

출처: 『The Winter War: The Russo-Finnish War of 1939-40』, William R. Trotter, Algonqin Books of Chapel Hill, 1991

---

5 본 전투가 이뤄지기 전에 정찰이나 적의 동향을 파악하기 위해서 하는 전투

자료3 제44저격사단(44D)격파 (1939년 12월 27일~1940년 1월 8일)

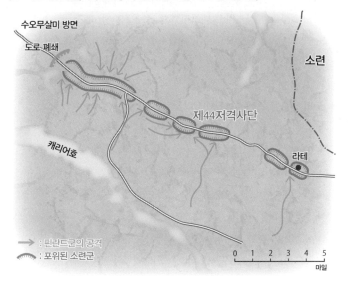

출처: 『The Winter War: The Russo-Finnish War of 1939-40』, William R. Trotter, Algonqin Books of Chapel Hill, 1991

수오무살미 전투란 소련 붉은군대의 저격사단(44D, 163D) 두 개를 1939년 12월부터 1940년 1월에 걸쳐 수오무살미 마을 근처로 유인하여 포위하고 섬멸한 일을 말합니다(**자료1** 참조).

붉은군대 제163저격사단은 핀란드군의 교묘한 지연 전술에 속아 수오무살미 마을까지 진출했습니다. 그리고 핀란드군의 제9사단이 이들을 차단하고 12월 11일 공격을 개시합니다(**자료2** 참조).포위된 제163저격사단의 구조에 나선 제44저격사단을, 핀란드군은 수오무살미 마을에서 동쪽으로 8km 떨어진 지점과 라테 마을 사이에서 분할 포위하고 12월 27일부터 1월 8일까지 개별로 공격하여 섬멸했습니다(**자료3** 참조).

이때 핀란드군의 전략은 **모티 전술**로 알려져 있습니다. 모티는 나무 장작을 묶은 더미를 의미합니다. 수오무살미 전투에서 붉은군대는 2만

7,500명의 장병이 전사하고 1,300명이 포로가 되었으며, 전차 43대와 각종 차량 270대가 파괴되고 대포 4다스, 소총 600자루, 기관총 300자루 등을 전리품으로 빼앗겼습니다. 핀란드군에서는 전사자 900명, 부상자 1,770명이 나왔습니다.

■ 모티 전술은 스키에서 태어났다.

모티 전술은 세 단계로 이루어집니다.

● 1단계: 정찰

- 격파 대상(적 부대)과 포위 장소(모티)를 결정한다.
- 적의 발을 옴짝달싹할 수 없는 협소한 장소(모티)에 묶어 둔다.

● 2단계: 집중 · 기동 · 타격

- 적보다 우월한 전투력, 적어도 동등한 전투력을 집중시킨다.
- 적 대열의 취약한 부분을 단호하고 맹렬하게 공격한다.
- 공격 목표를 6개 내지 그 이상의 모티로 분할한다.

● 3단계: 섬멸

- 각 모티를 반복 공격하여 완벽히 격파한다.
- 처음에는 가장 취약한 모티를 공격한다.
- 그동안 강력한 모티는 기아와 추위에 시달리게 둔다.

■ 핀란드는 어떤 나라인가?

핀란드의 면적은 약 34만km²으로 국토 3분의 1이 북극권에 있습니다. 핀란드의 규모는 일본(약 38만km²)과 맞먹으며, 겨울 전쟁 당시 인구는 약 370만 명(현재는 약 552만 명)이었습니다. 전체적으로 높은 산은 적고 평탄한 지형이 많습니다. 국토의 60%를 삼림이 차지하고 10%를 늪지와 하천이 차지합니다. 반면에 경작지는 고작 8%입니다.

침공한 소련군을 요격한 핀란드군 병사(보병 17만 명)는 겨울철의 특성인 추위와 눈, 삼림과 장기간의 어둠(12~1월은 태양이 뜨지 않는 극야

시기) 같은 **핀란드의 자연에 승부수를 던졌**습니다. 1939년 겨울은 기상 관측이 시작된 1928년 이래 가장 맹렬한 추위가 덮친 해였습니다. 평년이라면 나올 수 없는 -38℃라는 기온을 기록했고 북부지구의 소단퀼레에서는 2월 기온이 -41.5℃까지 떨어졌습니다. 핀란드의 평균적인 겨울철 기온이 -8℃에서 -21℃임을 생각하면 놀랄만한 수치입니다.

핀란드는 인구 밀도가 희박한 지역이 대부분을 차지합니다. 그렇기 때문에 도로망을 이루는 건 간선 도로뿐이고 샛길은 거의 없습니다. 겨울철은 국토 전체가 눈에 뒤덮여 가장 심한 곳의 적설량이 무려 6m에 달할 때도 있습니다. 도로를 통행하려 해도 눈을 치워야 하는 형편이니 '도로 밖은 스키 없이 통행할 수 없다'라고 해도 과언이 아닙니다.

■ 극한 속에서의 전투법을 숙지하고 있었던 핀란드군

핀란드인은 태어날 때부터 극한의 날씨에 익숙합니다. 아기는 땅딸막한 베이비용 스키로 눈 위를 걸어 다니고 대부분 성인도 크로스컨트리의 달인입니다. 도심에 사는 사람도 계절을 불문하고 기회가 닿으면 캠프나 하이킹을 즐기고 숲과 들판을 산책하길 좋아합니다.

모티 전술은 따지고 보면 스키를 신은 보병부대의 스키본 작전으로 핀란드의 풍토 때문에 필연적으로 생겨날 수밖에 없습니다.

핀란드군은 15개 보병사단(각 사단은 1만 4천 명)으로 구성되는데 예산 부족으로 겨울 전쟁이 발발했을 당시 모든 조건을 완벽하게 갖춘 사단은 10개였습니다. 11번 째 사단은 이미 편성되어 있었으나 중장비가 없었습니다. 그래도 요원은 확보되어 장비 보충 예산만 나오면 추가로 2개 사단을 편성할 수 있었습니다.

백색으로 위장한 핀란드군 보병부대의 병사
순록은 무기, 탄약, 자재 등을 수송하는 데 없어서는 안 되는 존재

출처: SA–KUVA

핀란드군 부대는 이른바 **향토부대**로 같은 출신지의 병사로 이뤄졌습니다. 몇몇 부대는 자신의 출신지에서 싸웠고, 대부분의 병사가 어린 시절부터 환히 꿰고 있던 지역과 비슷한 지형에서 싸웠습니다.

그래서인지 중대, 소대, 대대 수준의 장교는 전투가 진행되는 중에도 병사를 부를 때 이름이나 별명으로 부르곤 했습니다. 또한 핀란드군 병사는 퍼레이드나 의식과 무관하게 오로지 전쟁을 위해 군대에 소집된 전사입니다.

■ 혹한의 땅에서 어떻게 싸우는가?

혹한의 날씨에는 손과 발이 특히 취약합니다. 발이나 발가락이 동상으로 검게 변한 병사는 다리에 총탄을 맞은 것과 마찬가지로 전투력을 상실합니다. 또한 병사의 체력과 신체 기능을 유지하기 위해서는 따뜻하고 든든하며 충분한 식사가 필요합니다.

핀란드군의 설상 위장(snow camouflage)

출처: SA-KUVA

    핀란드군 병사는 가솔린과 윤활유를 섞어 소총에 도포하고, 기관총과 대포의 냉각수나 주퇴유에 알코올과 글리세린을 섞어 어는점을 낮춤으로써 화포가 정상 작동하도록 유지했습니다.

    혹한의 날씨는 현장 치료에도 심각한 문제를 낳습니다. 군의관은 모르핀 앰플이 얼지 않도록 입에 물거나 겨드랑이에 끼워 부상자가 발생한 현장으로 급히 달려갔습니다. 혹한의 추위는 부상자를 지혈하는 데 유리하지만, 반대로 괴저 발생을 촉진하기 때문에 환부는 무조건 신속하게 소독해야 합니다.

    핀란드군은 극지전에서 무엇을 껴입고 무엇을 벗어야 하는지 잘 알고 있었습니다. 통상 제복에 더해 스키부대는 두꺼운 양털 내의, 스웨터, 여러 켤레의 양말, 순록 모피를 안감으로 댄 부츠를 착용했고, 거기에 시트와 동일한 섬유의 후드와 조임 끈이 달린 가벼운 설상 외피를 걸쳤습니다.

핀란드군의 최전선 엄폐호(dugout)

출처: SA–KUVA

　설상 위장(snow camouflage) 원칙은 스키병에게 철저히 교육하는 것으로 정예병이라면 10m 앞을 지나는 소련병의 순찰에 발각되지 않고 주변 풍경에 완전히 녹아들 수 있었습니다.

　핀란드군은 아무리 작은 부대라도 몸을 녹이지 않고서는 전투에 참여하지 않았습니다. 체온을 유지하기 위해 핀란드군은 최전선 바로 후방에 **엄폐호(dugout)**를 준비했습니다. 최전선 대피호의 작은 난로는 언제나 타올랐고 세심하게 설계되어 연기가 거의 나지 않았습니다. 후방 대피호는 덮개가 달린 본격적인 지하 참호로, 병사는 지하 참호에서 순찰이나 단기 공격에 나섰고 귀환 후에는 충분한 휴식을 취할 수 있었습니다.

■ 아무런 밑조사도 없이 전쟁을 일으킨 붉은군대 병사들의 비참한 운명

　붉은군대 병사들이 침공한 지역은 핀란드군이 완벽하게 준비하고 벼르던 곳이었습니다. 하지만 붉은군대 병사들은 동계전에 대한 준비도, 심지어는 핀란드군에 관한 정보나 정확한 지도도 거의 없이 투입되었습니다. 핀란드군이 이긴 것은 절대 기적이 아니라 **붉은군대의 결정적인 실수를 이용한 결과**였습니다.

침공한 붉은군대는 카렐리야 지협에 제7군·제13군(14~15개 사단, 3개 전차사단), 라도가호 북부에 제8군(6개 저격사단), 북부 카렐리아에 제9군(5개 저격사단), 최북단에 제14군(3개 사단) 등으로, 그 규모는 무려 병사 45만, 대포 1,900문, 전차 2,400대에 이르렀습니다(**48쪽 자료1**).

그에 비하면 핀란드군의 배치는 카렐리야 지협군(6개 사단), 라도가호 북부 제4군단(2개 사단), 북부 집단(민병, 국경 수비대, 예비군 등)의 보병 17만 명뿐이었습니다.

붉은군대의 작전 계획은 단순하고 명확했습니다. 제7군과 제13군이 카렐리야 지협을 압도적인 전력으로 돌파하고, 제8군이 라도가호 북부에서 핀란드군 후방을 차단하며, 제9군이 서쪽으로 진군하여 핀란드를 남북으로 분할하고, 제14군이 페차모를 점령하여 핀란드로 이어지는 지원 경로를 차단하는 것이었습니다.

공세를 신중히 계획하고 충분한 준비 끝에 작전에 임했다면 아마 붉은군대의 전체적인 작전 계획은 성공했을 겁니다. 그러나 그들은 핀란드군뿐만 아니라 자신의 상황도 모른 채 파죽지세로 우르르 달려갔습니다.

수오무살미에서 섬멸된 부대는 제9군의 제163저격사단과 제44저격사단입니다. 붉은군대의 기계화부대는 1939년 여름 극동 노몬한에서 일본군 보병에 막대한 타격을 입힌 후 자신감을 얻어 보병 위주인 핀란드군을 얕보았습니다. 붉은군대는 **숲과 호수의 나라에 하얀 악마가 벼르고 있을** 줄은 꿈에도 몰랐습니다.

붉은군대의 전차는 올리브 드래브 빛(OD색)을 띤 통상(=하계 전투용 도장) 차량이었습니다. 병사들도 카키색을 띤 제복, 외투, 헬멧 차림으로 동계위장은 고려하지 않았습니다. 붉은군대가 장비품에 백색 위장을 하고 보병에게 동계용 외피를 지급하기 시작한 때는 1940년 1월 말, 그러니까 제163저격사단과 제44저격사단이 섬멸된 후입니다.

오무살미 정면에서 격파된 소련군 전차와 야포

출처: SA-KUVA

■ 핀란드군의 '일방적인 게임'에 의해 섬멸되었다

붉은군대는 전위대, 정찰부대, 장갑차 무리가 선두에 서고 보병 전진부대, 전차부대, 지원부대(공병, 위생병, 보급부대)가 뒤를 따랐으며 끝에서 전차, 보병, 포병부대의 주력이 후위대와 함께 진군했습니다. 즉, 통상적인 접적행군[6] 대형으로 국경을 넘었습니다.

우크라이나 같은 대평원에서는 행군 종대의 측면에 보병 측위대가 경

---

6 적과의 접촉이 임박했을 때의 전진 대형

계막을 펼치지만, 핀란드 침공 지역에는 측위대를 배치할 만한 도로가 없고 간선 도로 좌우의 불과 200~300m에 나무가 벽처럼 늘어서 있어 침공부대는 한 줄로 전진할 수밖에 없었습니다.

길 위의 눈 더미를 헤치고 다지며 눈 속을 헤엄치듯 서쪽으로 나아가는 사이 사단은 한 가닥의 실처럼 30~40km에 걸쳐 길 위에 분산되고 말았습니다. 침공부대는 어느덧 홀린 듯이 핀란드군의 의도대로 **옴짝달싹할 수 없는 협소한 장소(모티)에 발이 묶였**습니다.

침공부대는 소련 영내의 철도 분기점에서 국경에 이르는 동안, 부대에 따라서는 무려 300km 넘게 행군하여 국경을 넘었을 때는 무려 10%의 병사를 동상으로 잃은 뒤였습니다. 모티에 발이 묶인 부대는 전차와 대포가 무용지물이 되고 보급도 끊겨 혹한의 눈 속에서 야영할 수밖에 없었습니다. 유일한 열 공급원은 모닥불뿐이었는데, **모닥불이 핀란드군 보병의 습격 목표가 되었**습니다. 핀란드군은 후퇴할 때 적이 이용하지 못하도록 가옥을 모두 파괴했습니다.

이런 상황에서 제163저격사단과 제44저격사단은 수오무살미에서 핀란드군의 '일방적인 게임'에 의해 섬멸되었습니다. 이 배경에는 소련 측의 인적 자원 문제도 있었습니다. 붉은군대의 병사 중에는 혹독한 겨울에 익숙한 사람도 있었으나 기후 풍토가 핀란드와 전혀 다른 중앙아시아계 병사들로 구성된 사단도 있었습니다.

포위된 병사에게 **한 시간 이상 또는 하루 이상 연명하는 일은 전투에 맞먹는 시련**이었습니다. 1km 떨어진 곳에서 핀란드 병사가 사우나를 즐기는 동안 붉은군대의 병사는 얼어붙을 듯한 추위와 배고픔과 오물 속에서 하얀 악마에게 잠식당하고 있었습니다.

■ **막대한 희생을 치른 소련군**

105일간의 겨울 전쟁은 1940년 3월 12일의 평화 협정과 이튿날 13일 오전 11시의 정전 선언을 계기로 종료됐습니다. 결과적으로 핀란드는 카렐리야 지협 전체, 항코(핀란드 최남단 도시)와 인근 연안 지역, 리바치 반도(바렌츠해)와 라도가호 북쪽의 카렐리야 지방 대부분, 다시 말해 국토의 약 10%를 소련에 할양해야 했습니다.

소련은 이 겨울 전쟁에서 전사자 4만 8,645명, 부상자 15만 9,000명이 발생했다고 발표하며 '우리는 사망자의 희생 이상의 토지를 얻었다'라고 목소리를 높였으나, 최근 연구에서는 전사자 23~27만 명, 부상자 20~30만 명으로 집계되었습니다. 핀란드 측은 2만 4,923명이 죽고 4만 3,557명이 다쳤으며 약 42만 명의 국민이 집을 잃었습니다.

핀란드는 대국 소련(러시아)과 국경을 마주한 지정학적인 환경 때문에 겨울 전쟁 이후에도 제2차 세계대전 및 전후 냉전기 내내 고초를 겪습니다. 2차 대전 때는 나치 독일에 가세하여 소련과 싸우게 되는데, 힘든 환경 속에서 독립을 고집할 때 정신적 지주가 되었던 것은 수오무살미 전투에서 발휘했던 **핀란드 국민의 긍지와 투혼**입니다.

러시아의 동장군 ②

바르바로사는 나폴레옹군 실수의 재연

> 1941년 6월 22일 오전 3시, 발트해에서 헝가리 북부 국경까지 800마일(약 1,300km) 길이의 소련 국경선에 배치된 독일군 144개 사단의 포병대가 전쟁의 포문을 열어 사상 최대 육상 작전의 시작을 알렸다. 전략과 전술, 모든 면에서 완전히 기습에 성공했기에 당초 독일군은 적의 저항에 거의 부딪치지 않았다. 브레스트리톱스크 같은 고립된 요새는 차치하고, 소련 국경 수비대의 저항은 몇 시간 내로 격파되어 장갑 기계화사단 앞에 전속력으로 전진할 길이 열려 당초 세웠던 포위 계획을 수행할 수 있었다.
>
> 『supplying war』, Martin van Creveld, Cambridge University Press, 2004

바르바로사 작전은 히틀러와 참모본부의 '타협의 산물'입니다. 처음에는 레닌그라드와 우크라이나가 목표였으나 거기에 모스크바가 더해져, 작전의 기본을 정한 '지령 제21호'에 따라 세 개의 군집단이 키예프, 모스크바, 레닌그라드로 향하게 되었고, 드비나강-스몰렌스크-드네프르강 라인까지 진군하라는 명이 내려졌습니다(**자료1** 참조).

침공 총병력은 병사 350만 명, 전차 3,350대, 야전포 7,000문, 항공기 2,000대입니다. 병참의 숫자만 따져도 상상을 초월합니다. 중앙군은 7월 말 국경에서 650km 거리, 모스크바까지 320km 거리의 스몰렌스크에 도착했습니다. 그곳에서 갑자기 히틀러는 구데리안의 장갑군단을 남쪽으로, 호트의 장갑군단을 북쪽으로 보냈습니다. 결과적으로 9월 15일 남북에서의 협공에 성공하여 키예프를 공략할 수 있었습니다.

자료1 바르바로사 작전(1914년 6월~12월)

8월에 모스크바를 공략할 계획이었으나 히틀러의 개입으로 중앙군의 장갑군단 두 개를 남과 북으로 보내게 됐습니다. 그 결과, 모스크바 공격은 4주 늦어진 10월 2일에 이루어졌습니다. 이는 **잘못된 전략으로, 치명적인 결과**를 초래합니다.

소련군 앞에 '자연 연합군' 제1진(진흙)이 도우러 나타났다. 머지않아 제2진(동장군)이 소련군을 위해 찾아온다. 러시아 겨울의 혹독한 추위에 진흙탕은 굳겠지만 독일군은 무시무시한 고난에 빠져 진로가 막히게 될 것이다.

『Panzer Division』, Kenneth Macksey, Ballantine Books, 1968

소련군은 독일군 침공 이후 힘겨운 전투에 직면했습니다. 그들에게는 '자연 연합군'만이 유일한 희망이었습니다.

붉은군대의 남서방면 군사령관은 '독일군에 있어 최대의 위기는 극적인 기상 변화로 모든 기계화 장비가 녹아웃되는 일이다. 우리는 가급적 오랫동안, 모든 수단을 찾아 버텨야만 한다. 버티기만 한다면 추위가 닥칠 것이고 며칠 만에 적은 공격을 끝낼 것이다. 그들의 근간인 전차와 기계화 포병은 기온이 −29℃가 되면 무용지물이 된다'라고 부하를 연신 독려했습니다.

10월 6일, 날씨가 갑자기 변하더니 이틀이 지나자 남방 군집단의 수송부대(장륜차)는 전부 진흙탕 속에서 움직일 수 없게 되었습니다. 전차는 움직일 수 있었지만 10월 13일에는 정차해야 했으니 '군 전체가 수렁에 **빠진**' 셈이었습니다. 10월 9일부터 11일 사이 날씨가 변해 중앙군 정면의 벌판은 빗물로 늪이 되었습니다. 이때부터 약 3주간 중앙 군집단의 모든 부대는 진창에 꼼짝없이 갇힌 신세였습니다.

가을비는 독일군과 소련군 모두에게 '운명의 분기점'이 되었습니다. 독일군은 진창에 발목을 잡혀 꼼짝할 수 없었지만 붉은군대에는 가뭄의

단비가 되어 **가을비를 기점으로 독일군과 대등한 조건에서 싸울 수 있게** 되었습니다.

■ 대활약한 T-34 중전차

상징적인 예시로 **T-34 중전차**가 있습니다. T-34 중전차는 벨트(캐터필러) 폭이 넓고 차체 바닥과 지면 사이의 간격이 넓으며 중량도 가볍기 때문에 접지압(단위 면적당 중량. kg/cm2으로 나타냄)이 낮아 진창이나 눈 속에서도 주행할 수 있습니다.

T-34 중전차는 독일군 전차보다 강력한 전차포(76mmTKG)를 탑재했음에도 전차병의 기량이 미숙하여 여름 동안에는 독일군 전차의 꽁무니만 쫓아다녔습니다. 그러나 이제 독일군 전차가 움직이지 못하는 시기를 터닝 포인트 삼아 **겨우 진가를 발휘할 수 있게 되었**습니다.

T-34 중전차는 러시아 풍토에서 태어난 걸작 전차입니다. 1939~1940년의 동계전투(**48쪽, 2-2 참조**)에서 눈과 추위 속에 고립된 붉은군대 전차가 핀란드군 · 경보병부대의 스키본 작전에 대량 격파되었다는 뼈 아픈 경위가 있어, T-34 중전차의 설계에는 그 체험이 반영되었습니다. T-34/76 중전차는 이후 85mmTKG를 탑재한 T-34/85 중전차로 발전합니다.

애버딘 병기박물관에서 촬영한 1941년형 T-34/76 중전차

■ 철도를 이용할 수 없어 최전선에 대한 보급이 끊겼다

역사에 만약이란 건 있을 수 없지만 한번쯤 생각해 봅니다. 독일군 지도부에 정세를 냉정하게 판단할 만한 상식이 있었다면, 러시아의 가을비가 땅을 진흙탕으로 바꾼 시기를 '바르바로사 작전의 휴지기'로 발표하고 겨울 동안 스몰렌스크와 키예프로 설정한 근거지(base)에 전군을 숙영시켜 이듬해 봄 이후 재개될 작전을 준비하는 데 전념했을 거라고.

히틀러도 참모들도, 그리고 야전에 몸을 드러내는 사령관을 비롯해 모든 장병들은 러시아 동장군의 도래를 앞두고 **130년 전 참사가 뇌리를 스쳤을** 게 틀림없습니다. 그럼에도 독일군 지도부는 모스크바 점령을 명했습니다.

로스토프의 소련군

출처: wikipedia

군 전체가 수렁에 빠졌기에 장병이라면 누구나 땅이 얼기를 바란 건 당연합니다. 11월 13일 대망의 추위가 찾아오자 진흙탕 문제는 일단 해결되어 도로 사정은 좋아졌지만 이젠 기온이 −20℃까지 하강했습니다. 엔진의 시동이 걸리지 않아 사용할 수 있는 장륜차의 수량이 급감하고 말았습니다. 그로 인해 수송 능력이 극단적으로 떨어지면서 최전선 부대에 연료, 탄약, 식량은 물론이고 무엇보다 시급한 동계장비도 거의 지급되지 않았습니다.

『supplying war』, (Martin van Creveld, Cambridge University Press, 2004)에 따르면 참모부는 동계 장비에 관한 필요성을 검토하고 수량도 넉넉히 준비했지만, **수송력의 핵심인 철도가 제대로 기능하지 않아 결과적으로 동계 장비를 간절히 원하는 최전선 부대에 전달되지 못했**던 듯합니다.

전차의 전력이 극도로 저하된 한편, 장병의 사기도 추위로 얼어붙고 차량도 얼어 실린더에 금이 갔다. 독일군은 전군이 고난에 허덕였다. 혹독한 동장군 속에서 전투할 준비가 전혀 안 되어 있었기 때문이다. 그럼에도 불구하고 독일군은 모스크바에 대한 마지막 공격을 강행했다.

『Panzer Division』, Kenneth Macksey, Ballantine Books, 1968

12월 5일 독일군의 모스크바 공격은 소수의 보병부대가 모스크바 교외에 돌입함에 따라 격퇴되고 곳곳에서 막혔습니다. 독일군이 모스크바까지 15km 남은 지점에 도착했을 때 기온은 -40℃로 떨어진 상태였습니다. 병사는 추위에 얼어 이제 소총으로 조준조차 할 수 없었습니다. 공이가 부서지고, 기관총의 주퇴유가 얼고, 포탄은 눈 속에 파묻혀 거의 효과가 없었습니다.

12월 6일 소련의 붉은군대가 동계 대공세로 돌아섰습니다. 흰 옷차림의 병사 1백만 명이 하얗게 칠해진 수백 대의 T-34 중전차를 타고 독일군 전선을 분쇄했습니다.

1942년 1월 쿠르스크 부근에서 폭설이 독일군 전차의 발목을 붙들었지만, 지형 돌파 능력이 더 높고 접지압은 더 낮은 붉은군대의 T-34 중전차는 **평탄한 지형을 종횡으로 돌파하며 움직이지 못하는 독일군 전차**

를 잇따라 격파했습니다.

■ 긴 추위로 병사가 동상에 걸리다

자료2는 현대의 미 육군을 기준으로 한 것입니다. 근대적으로 차량화된 군대라 해도, 그렇기 때문에 오히려 2.5cm 이하의 적설에도 부대 이동에 영향을 받고, 5cm 쌓인 눈 때문에 보급품 등의 수송에 어려움을 겪습니다. 따라서 60cm 이상 쌓이게 되면 부대의 이동 능력은 현저히 떨어집니다.

자료2 적설량의 영향

한계치	현저히 영향(저하)을 받는다		어느 정도 영향(저하)을 받는다	
	시스템/행동	주목점	시스템/행동	주목점
미량의 적설			지상부대	이동 능력
			정찰 · 감시	
			병참(후방 지원)	
2.5cm			항공 활동	목표 포착 현기증
2.5cm 이상	항공 활동	목표 포착 현기증		
5cm	병참(후방 지원)	이동 능력		
60cm 이상	지상부대 정찰 · 감시	이동 능력		

출처: FM 34-81-1

이런 환경에서는 스키를 장비한 보병부대나 접지압이 낮고 눈 속에서도 주행할 수 있는 전차의 독무대가 펼쳐집니다. 극단적으로 말해서 겨울철 환경에 준비되지 않은 군대의 행동 능력은 한없이 제로에 가깝습니다.

한랭지에서는 방한 피복, 설상차, 스키, 설피 등 특수 장비가 필요합니다. 이런 장비 대부분을 보급받지 못한 독일병은 러시아의 영하 기온에 직면했을 때 몇천 명에 이르는 사망자를 냈습니다. 전쟁에서 독일군의 **가장 심각한 과제는 긴 겨울이 초래하는 추위**입니다. 러시아 평원에서는 겨울 기온이 항상 -51℃까지 내려갑니다.

바르바로사 작전 중 독일군은 10만여 명의 병사를 동상으로 잃었고 그중 1만 4천 명은 손발을 절단해야 했습니다. 추위를 막기 위해서는 반드시 방공호가 필요한데 러시아 들판에서 방공호를 찾기란 어렵습니다. 1941년 러시아 전선에서 제6기갑사단은 -45℃의 드넓은 지형을 점령했으나 날마다 8백 명의 동상 환자가 나왔습니다.

개인용 벙커(땅굴)를 파기 위한 휴대용 연장(삽 등의 토목 공구)이 도움이 안 된다는 사실을 알았을 때 그들은 땅을 폭파해 즉석에서 방공호를 만들었고, 그 결과 동상 환자 수가 하루에 4명으로 뚝 떨어졌다는 기록이 있습니다.

여러 스키병 대대를 거느린 시베리아 사단은 총본영의 명령에 따라 남몰래 준비 중이던 반격부대의 일부에 지나지 않았다. 극동에서는 새 항공기와 비행부대가 모스크바 동쪽 비행장에 집결해 있었다. 약 1,700대의 전차도 전투에 대비하고 있었다. 주로 기동성 높은 T-34로 폭이 매우 넓은 캐터필러가 장착된 그 전차는 독일군 전차보다 눈과 얼음에 훨씬 강했다. 전원은 아니더라도 붉은군대 병사 대부분은 동계전에 대비해 솜이 든 겉옷과 흰 위장복을 입고 귀덮개가 달린 모피 모자를 썼으며 펠트로 된 큰 눈 장화를 신고 있었다. 무기가 작동하는 부분에는 덮개도 달려 있고 동결을 예방하는 특수 기름도 있었다.

『stalingrad: The Fateful Siege: 1942-1943』

antony beevor, Penguin Books, 1999

1812년, 나폴레옹이 모스크바로 원정 갔다가 동장군의 도래 직전 철수했을 때 프랑스군은 러시아군의 초토화 작전, 파르티잔의 습격, 그리고 무엇보다 동장군의 맹위에 시달렸습니다. 130년 후의 독일군도 같은 위협에 직면했습니다. **나폴레옹 타도 3요소**가 또 다시 독일군을 강타한 셈입니다. 나폴레옹 타도 3요소란 러시아의 광활한 **공간**, 작전이 가능 기간은 봄 건기부터 가을비가 올 때까지라는 **시간**, 동장군이라는 **기상 조건**입니다.

전방뿐만 아니라 배후에서도 스키를 신은 파르티잔 혼성부대나 시베리아 동계전 대대가 독일군을 습격했고, 붉은군대의 기병사단 대대나 연대가 코사크 조랑말을 타고 전방에서 25km 뒤의 독일군 포병대와 저장소를 습격했습니다.

스탈린은 11월 17일 붉은군대의 항공대, 포병대, 스키부대 그리고 파르티잔 부대에 '독일군 전선의 후방 65km 이내에 있는 모든 민가와 농가를 파괴하고 소각'하도록 명령했습니다. 주민의 생명보다 독일병에게 방공호를 내주지 않는 것이 더 중요했던 이른바 초토화 작전입니다.

■ 바람은 체감 온도를 극적으로 낮춘다

한랭장해[7]는 준비가 충분하지 않을 때 발생합니다. 한랭장해의 발생 확률과 정도는 병사가 적극적으로 움직이고 적절한 방한 피복을 착용하면 완화할 수 있습니다. 두툼한 옷은 땀 발생을 촉진시켜 체온을 빨리 낮추므로 두툼한 옷을 입는 것보다 오히려 조금 춥게 입는 것이 좋습니다.

전투 상태에서는 어쩔 수 없지만 정지한 채 움직이지 않는 자세는 한랭장해의 주요 원인이 됩니다. 개인용 벙커 바닥에 웅크리거나 언 땅 위에 엎드려 있으면, 아무리 총을 쏘기 위한 행동이고 차량을 수리하기 위한 행동이라도 한랭장해를 일으킬 가능성이 높아집니다. 한랭 장해를 막기 위해 **병사는 계속 움직여야** 합니다.

---

7 추위로 입는 피해

자료3은 현대 미 육군을 기준으로 한 것입니다. **혹한의 바람은 체감 온도를 낮춰 한랭 효과를 극적으로 확대**시킵니다. 혹한기에 -30℃의 환경에서 11m/s의 어는 듯한 바람을 맞는 것만으로도 체감 온도는 무려 -77℃까지 내려갑니다.

러시아 평원에서는 겨울 기온이 항상 -51℃까지 내려갑니다. 조금이

자료3 체감 온도표

풍속 (m/ s)	현지 기온(℃)										
	0	−5	−10	−15	−20	−25	−30	−35	−40	−45	−50
	상응 기온(℃)										
미풍	0	−5	−10	−15	−20	−25	−30	−35	−40	−45	−50
2	−2	−7	−12	−17	−22	−28	−33	−38	−44	−49	−54
5	−8	−14	−20	−26	−32	−38	−44	−51	−57	−81	−91
7	−10	−18	−25	−32	−38	−45	−52	−61	−73	−85	−109
9	−14	−21	−28	−36	−42	−45	−57	−83	−96	−109	−121
11	−16	−23	−31	−36	−46	−53	−77	−90	−104	−116	−127
13	−17	−25	−33	−41	−48	−56	−82	−97	−109	−123	−137
15	−18	−26	−34	−42	−49	−57	−85	−99	−113	−127	−142
18	−19	−27	−35	−43	−51	−74	−87	−102	−116	−131	−145
20	−19	−27	−35	−43	−51	−74	−87	−102	−116	−131	−145
22	−20	−28	−36	−44	−52	−76	−91	−105	−120	−134	−148
	조금 위험 (적절한 복장)		상당히 위험 (Considerable Danger)		매우 위험 (Very Great Danger)						
	노출된 피부가 동상에 걸릴 위험										

출처: FM 34-81-1 Battlefield Weather Effects

라도 바람이 불면 체감 온도는 -90℃, -100℃가 되므로 대비하지 않으면 매우 위험합니다. 불과 1년 전 소련에 쓴맛을 보인 겨울 전쟁이 좋은 예로 남아 있는데도 독일군은 전혀 학습하지 못한 채 같은 실수를 되풀이했습니다.

얼음 안개(ice fog)

얼음 안개가 내리는 길

가시거리에 영향을 주는 특수한 현상은 기온 −30℃ 이하의 혹한기에 발생하는데 바로 **얼음 안개(ice fog)**입니다. 내연기관 가동, 대포 사격, 로켓탄 발사와 같은 혹독한 추위 속에 수증기가 방출되면 순식간에 수증기가 얼음 안개로 변하고 가시거리가 현저히 떨어집니다.

비행장에서 고정익기의 배기로 인해 얼음안개가 발생했을 경우 활주로 전체가 얼음 안개에 휩싸일 수 있습니다. 그렇게 되면 가시거리가 저하되는데, 바람이 잔잔한 상태에선 얼음 안개가 정체되어 다른 항공기의 이착륙이 불가능해집니다. 얼음 안개는 가시거리를 떨어뜨릴 뿐만 아니라 비행장의 위치를 폭로하기도 합니다.

예를 들어 '튜브 발사, 육안 추적, 와이어 유도'의 단계를 거치는 TOW 등의 대전차 미사일을 혹독한 추위 속에서 발사하면 얼음 안개가 발생합니다. TOW가 목표를 향해 비상하면 방출된 불꽃이 응결되어 얼음안개가 형성되는데, 바람이 없으면 미사일 탄도 뒤로 안개가 길게 늘어지면서 가시거리를 현저히 저하시킵니다. 그로써 사수가 표적을 놓칠 수 있으며 미사일이 남긴 비행운은 발사 위치를 폭로합니다.

C−141이 남긴 비행운. 고도 1만m를 비행하는 항공기의 엔진에서 배기가스가 배출되면 −40℃의 외기에 냉각되어 구름이 된다. 같은 현상이 지상에서 발생하면 얼음안개가 된다.
출처: 미 공군

일본의 공식 최저 기온 '−41℃'

아오모리 보병 제5연대를 괴멸시킨 추위

1902년 1월 25일, 홋카이도 가미카와 측후소(현 아사히카와 지방 기상대)에서 −41℃가 관측됐습니다. 이것이 일본의 공식 최저 기온입니다. 1978년 2월 17일에는 홋카이도 호로카나이초 모시리에서 −41.2℃를 측정(기상청 공식 기록에는 포함되지 않음)해 실질적인 일본 최저 기온(호로카나이초의 견해)으로 여겨지고 있습니다.

아사히카와에서 −41℃를 관측한 날, 소설 『핫코다산 죽음의 방황』과 영화 『핫코다산』으로 세상에 알려진 아오모리 보병 제5연대의 설중(雪中) 행군대가 맹렬한 추위와 폭풍 같은 눈보라가 기승을 부리는 핫코다산 기슭에서 조난 이틀째를 맞았습니다. 23일 늦은 밤부터 기온이 급격히 떨어지고 눈보라가 거세지더니 25일에는 −27℃를 기록했고 풍속도 29m/s에 달했습니다. 이런 기상 상황에서는 체감 온도가 −100℃를 넘습니다(자료3 참조).

그 결과, 설중 행군에 참가한 아오모리 보병 제5연대의 **장교부터 하사관, 병사까지 총 210명 중 193명이 날씨에 맞서다 지쳐 동사하는 최악의 사태가** 빚어졌습니다.

우마타테바의 고토 하사 동상. 육상자위대 제5보통과연대(아오모리시)는 매년 핫코다산에서 설중 군사 훈련을 실시한다.

하얀 사신(The White Death)

300m 이내라면 백발백중

카렐리야 지협 출신인 시모 해위해(Simo Häyhä)는 겨울 전쟁에 저격수로 참전했습니다. 소총(모신나강 M28)으로 500명 이상(핀란드군 기록으로 확인된 숫자는 505명), 기관단총(수오미 9mm)으로 200명 이상의 적병을 쓰러뜨려, **하얀 사신**으로서 소련 붉은군대 병사를 공포에 떨게 만들었습니다.

해위해는 키 152cm의 작은 체구였으나 사격의 명수로, 스코프 없이 가늠쇠와 가늠자만으로 사격해도 300m 이내라면 백발백중 이라는 소리를 들었습니다.

시모 해위해. 그는 100일 이내의 전투에서 총 700명 이상의 붉은군대 병사를 쓰러뜨렸다.

출처: SA-KUVA

제3장

'가시거리'가 승부를 가르다

달과 별 같은 자연 광원(조명)이나 안개 등의 자연현상
(가시거리 장해)은 각종 작전에 필요한 가시거리를 변화
시켜 경계, 은폐, 육안 확인 및 전자적·전자공학적 수
단에 의한 전반적인 목표 관측 계획에 영향을 끼친다.

출처: 『MCRP 2–10–B.6』

밤의 어둠 극복

인간의 눈(가시광선)과 레이더(전파)의 싸움

가시거리(visibility)란 지표면이나 높은 곳에서 **보조 도구 없이 육안으로 큰 물체나 지형의 특징을 식별할 수 있는 수평 거리**입니다. 이를 위해서는 반드시 조명(빛 illumination)이 필요합니다.

조명에는 자연광과 인공광이 있는데 자연광은 태양빛, 달빛, 별빛 및 대기가 발하는 빛(대기광학 현상의 일종)을 광원으로 합니다. 인공광은 가시거리를 늘리기 위해 사용되는데 각종 기상 요소에 영향을 크게 받습니다. 그에 관해서는 **6-6(178쪽)**에서 자세히 설명하겠습니다.

지상전 전쟁터에서는 적을 '발견하는 일'과 적에게 '발견되지 않는 일'이 기본입니다. 사격은 사격 목표(대상)가 사거리 안에서 식별되는 것을 전제로 합니다.

소총의 경우 400m 내외, 전차포의 경우 1,500m 내외의 가시거리를 확보하지 못하면 효과적으로 사격할 수 없습니다. 20km 이상 후방에서 사격하는 야전포병은 FO(전방 관측자 Forward Observer)가 최전선으로 진출하여 사격 목표와 착탄을 직접 눈으로 확인합니다.

짧은 가시거리는 일반적으로 **공격과 후퇴 행동에 유리하고 방어에 불리**하게 작용합니다. 가시거리가 짧으면 공격에 임하는 기동부대가 모여 있어도 방어자의 눈을 피할 수 있어 기습이 성공할 가능성도 높아집니다. 같은 이치로 낮은 가시거리는 적과의 접촉을 차단하므로 적의 추격을 따돌려 간격을 벌리는 후퇴 행동(퇴각)에 유리합니다.

자료1 가시거리(visibility)로 본 날씨의 영향

기상 한계치 (m)	현저히 영향(저하)을 받는다		어느 정도 영향(저하)을 받는다	
	시스템/행동	고려 사항	시스템/행동	고려 사항
1,600	공정	항공기 운용		
	수륙 양용 작전	목표 포착		
	항공 활동	목표 포착		
	정찰·감시	목표 포착		
	NBC	목표 포착		
4,800			공정	항공기 운용
			수륙 양용 작전	목표 포착
			항공 활동	목표 포착
			정찰·감시	목표 포착
			NBC	목표 포착

출처: FM 34-81-1

반대로 방어자의 경우 가시거리가 짧으면 ①부대 단결 및 통제 유지가 힘들어지고 ②정찰·감시에 지장이 생기며 ③사격 목표를 포착할 때 정밀도가 떨어집니다. 하지만 그런 불리함은 인공 조명, 레이더, 음향 탐지, 열 적외선 장치를 사용하면 부분적으로 상쇄됩니다.

자료1은 오늘날의 미 육군 데이터로, 시스템 및 각종 활동상의 가시거리 한계치를 보여줍니다. 가시거리가 1,600m 아래로 떨어지면 각종 임무를 달성하는 데 중대한 지장이 생기고, 가시거리가 4,800m 아래로 떨어지면 시스템 및 부대 행동의 효과가 25~75% 범위에 그친다는 사실을 보여줍니다.

이 데이터는 '**오늘날의 근대화된 미군일지라도 지상전을 수행할 때는 육안으로 물체나 지형의 특징을 식별할 수 있는 '가시거리'가 여전히 중**

요하다'라는 사실을 알려줍니다.

■ 일본 해군 최후의 영광 '타사파롱가 해전'

그런데 광활한 바다가 전쟁터인 해전에서는 양상이 달라집니다. 과거 태평양에서는 밤의 어둠을 극복하기 위해 인간의 눈과 레이더가 치열하게 싸운 적이 있습니다.

자료2 타사파롱가 해전(23시 50분 당시)

일본 해군이 미 중순 함대를 전멸시켰다.　　　출처: 半藤一利 / 『ルンガ沖夜戰』(PHP 研究所, 2003)

1942년 11월 30일, 제2수뢰전대의 구축함 8척이 드럼통을 수송하기 위해 과달카날섬으로 향했습니다. 8척은 제15구축대의 '가게로' '구로시오' '오야시오', 제24구축대의 '가와카제' '스즈카제', 제31구축대의 '다카나미' '나가나미' '마키나미'입니다.

11월 30일 늦은 밤, 제2수뢰전대의 각 구축함이 룽가곶 연안에서 드럼통 양륙 작전에 착수했을 때 미 중순함대(중순함 4척, 경순함 2척, 구축함 3척) 9척은 벌써 레이더로 제2수뢰전대를 포착하고 요격 태세를 갖춘 뒤였습니다.

미국함에 가장 가까웠던 '다카나미'가 미국함을 발견하자 제2수뢰전대의 다나카 사령관은 지체 없이 '양륙 중단, 전투'라고 명령했습니다. 명령의 뜻은 '즉각 전투 배치에 돌입하라'입니다. 거의 멈춰 있던 각 군함은 즉시 전투태세를 취하고 속력을 최대한 끌어 올렸습니다.

그 순간 미 함대가 재빨리 선제 사격을 했으나 다나카 사령관은 주저하지 않고 '전군 돌격하라'라는 명령을 내렸습니다. 순간의 상황 판단과 결단력으로 '미 중순함대 전멸'이라는 성과를 거둘 수 있었습니다. **타사파롱가 해전은 일본 해군이 누린 최후의 영광**이었습니다.

■ 경이로운 맹훈련으로 완성한 '야간 육박 어뢰전'

해군은 1907년 '제국국방방침' 이래로 미국을 가상의 적으로 설정하고 전력, 전비, 전술을 충실히 갖춰 왔습니다. 전략의 원형은 함대 결전으로, 해전에서 승리를 결정하는 요인은 주력함 간의 포전이며 최종적으로는 전함의 주포가 승부수라는 논리입니다.

'제독은 어제의 전쟁을 치른다'라는 낡은 격언이 있는데, 러일전쟁 이후 일본 육군과 일본 해군이 그랬습니다. **일본 해군의 전투 교리는 함대 결전주의로, 1905년 쓰시마 해전을 재현하는 것이 목표였습니다.** 전함을 중심으로 원형진을 짠 채 미 함대가 다가오기를 기다렸다가 주력함 간의 결전으로 적을 격퇴해 전쟁에서 승리한다는 시나리오입니다.

교리를 바탕으로 전함 '야마토' '무사시'가 건조되고 '유키카제'로 대표되는 가게로급 구축함이 탄생했습니다.

주력함 간의 결전이 뜬금없이 포전으로 번지지는 않습니다. 우선 먼 바다에 전개한 잠수함이 초계 활동을 벌이고, 전방에 배치한 **수뢰 전대가 야전을 개시하는 것이 순서**입니다. 가시거리가 극단적으로 제한되는 밤이라는 환경을 전술적으로 활용한다는 발상입니다.

수뢰 전대는 고속으로 적 주력함에 육박하여 고성능 어뢰와 함포를 쏘아 적 주력함의 일부를 전열에서 낙오시킵니다. 수뢰 전대는 경순양함을 기함으로 하여 4개 구축대(구축함 16척)로 구성됩니다. 야간 육박 어뢰전에 의한 소모 전법의 중심이 되는 것이 바로 가게로급 구축함이었습니다.

약 80년 전인 1940년대, 밤은 말 그대로 암흑세계였습니다. 어둠은 인간에게 불안과 공포를 안겨줍니다. 그래서 밤의 특성을 기습에 전술적으로 이용하는 건데 성공한다면 효과는 절대적입니다.

'야간 공격의 비결은 주도면밀하게 준비해서 적을 기습하는 데 있다'라고 전술 교과서에 쓰여 있습니다. 일본 해군의 야간 육박 어뢰전은 상상을 초월하는 맹훈련으로 밤의 어둠을 극복하려 했던 노력이 93식 61cm 산소어뢰를 탑재한 가게로급 구축함의 등장과 맞물리면서 완성의 영역에 도달했습니다.

■ **가게로급 구축함 8번함 '유키카제'**

태평양전쟁의 거의 모든 해전에 참전하여 38척 중에서 유일하게 살아남았다.

출처: Naval History and Heritage Command

태평양전쟁 초기 단계의 조우전[8] 성격이 강했던 해전에서는 기습이 완벽히 먹혀들었습니다. **수뢰 전대의 파수꾼은 어두운 밤 1만m(8천m라는 기록도 있음) 거리에서 육안으로 적함의 모습을 포착**할 수 있었습니다. 구축함은 최대 속력으로 곧장 적함에 육박해 5천m 이내의 최적 거리로부터 93식 61cm 산소어뢰를 발사해 적함을 격파했습니다.

93식 61cm 산소어뢰의 화약량은 500kg으로, 50노트(약 93km/h)의 속력으로 2만m를 날아갑니다. 원동력이 산소이기 때문에 항적이 남지 않아서 적에게 잘 발각되지 않는다는 특성이 있습니다. 화약 500kg은 순양함의 '치사량'에 해당합니다.

기게로급 구축함에는 이 산소어뢰 16발(예비 어뢰 8발 포함)이 탑재되었습니다. **야간에 적함을 먼저 발견하고 최적 어뢰권 내로 돌진하여 필살 어뢰를 날립**니다. 자바해전, 순다해협 해전 및 과달카날섬을 둘러싼 몇몇 해전에서 이 전술이 실증되었습니다.

가게로급 18척과 유구모급(가게로급 제2군) 20척, 총 38척은 일본 해군 구축함 군의 주축으로 성능, 크기, 장비 등이 당시 해양전의 필요조건에 부합하는 매우 뛰어난 군함이었다. 레이더의 등장으로 야전 기회가 사라지고 항공기의 발달로 주력함의 전투 기회가 사라지는 등 큰 의미에서 기술적 변천을 겪어 이 클래스 군함이 제 성능을 발휘할 국면은 일찍이 예상했던 것보다 적었지만 전쟁의 모든 기간을 통틀어 훌륭하게 활약했고 어떤 국면에서는 유감없이 능력을 발휘했다.

『駆逐艦その技術的回顧』, 堀元美, 原書房, 1987

경계의 원칙은 적의 기습을 예방하고 행동의 자유를 확보하는 것입니다. 전쟁 초기 미국, 영국, 네덜란드, 오스트레일리아, 뉴질랜드의 해군은 일본 해군의 야간 육박 어뢰전이라는 기습에 압도되어 순양함 등을 여러

---

8 이동 중인 부대가 다른 부대와 맞닥뜨렸을 때 일어나는 전투 행위

척 잃었습니다. 야간에 1만m 거리에서 적함의 모습을 포착하는 일본 해군에 대응할 방법이 없었습니다.

자료3 야간 육박 어뢰전의 개념도

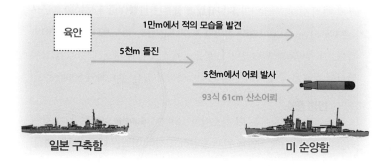

육안

1만m에서 적의 모습을 발견

5천m 돌진

5천m에서 어뢰 발사

93식 61cm 산소어뢰

일본 구축함

미 순양함

■ 레이더의 등장으로 통하지 않게 된 '야간 육박 어뢰전'

기습할 때 가장 중요한 점은 상대에게 대응할 틈을 주지 않는 것입니다. 기습으로 얻은 효과를 단숨에 끌어 올려 결정적인 성과로 만들어야 합니다.

미 군함이 레이더(전파 탐지기)를 사용하기 전 어둠은 일본군의 편이었습니다. 그러나 해전의 승부수는 이미 전함에서 항공모함으로 옮겨간 뒤였습니다.

당연히 일본 해군이 상정했던 주력함 간의 함대 결전이 일어날 기회가 없었고, 구축함에 의한 야간 육박 어뢰전은 국지적인 해전에서 부분적인 기습 효과를 거두는 게 고작이었습니다.

개전 1년 후인 1942년 후반이 되자 해전의 주도권은 서서히 미국 쪽으로 옮겨갔습니다. 미 해군은 일본 측의 야간 육박 어뢰전에 과학적으로 대응했습니다. **인간적 한계를 뛰어넘는 일본 해군의 맹훈련도 레이더라는 과학기술에는 상대가 되지 않았습니다.**

미 군함의 레이더는 2만 3천m 거리에서 일본 함정의 접근을 탐지해 거리가 1만m까지 좁혀졌을 때 포격을 개시하는, 이른바 **어뢰권 밖 포전**으로 대응했습니다. 일본 측 파수꾼이 미 군함을 발견하는 순간 사격 레이더에 포착되어 포탄을 정통으로 뒤집어쓰는 시스템이었습니다.

자료4 육안과 레이더의 대결

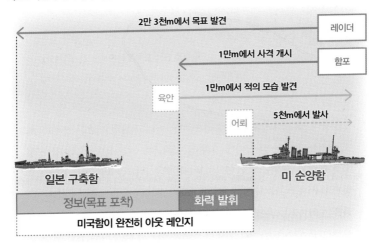

자료4와 같이 일본 구축함은 2만 3천m 거리에서 미 군함의 레이더에 포착되지만 일본 함정은 알아채지 못한 채 미국함을 육안으로 확인할 수 있는 1만m까지 전진하고, 파수꾼이 미 군함을 발견하는 순간 미 군함에서 발사된 포탄을 자국의 함정 주변에 정통으로 뒤집어쓰게 됩니다.

즉, 미 군함이 일본 함정의 가시거리 밖(outrange)에서 활약하게 되어 93식 61cm 산소어뢰의 최적 거리인 5천m까지 거리를 좁히는 것 자체가 불가능해졌습니다. 어째서 이런 일이 생겼을까요?

답은 간단합니다. 즉, **육안 확인(8천~1만m)이라는 초인적인 훈련으로 밤의 어둠을 극복한 일본 해군과, 레이더라는 과학기술로 밤의 어둠을 극**

복한 미 해군의 사고 방식에 차이가 있었기 때문입니다.

1936년 11월, 해군기술연구소 전기연구부의 다니 게이키치로 제조병 중령이
레이더 연구를 제안하자 상관이 "적함을 탐지하는 데 스스로 전파를 발사하는
행위는 마치 어두운 밤에 물건을 찾는 데 등불을 밝히는 거나 마찬가지다. 물건
을 찾을 순 있을지 몰라도 그 전에 자신의 소재를 폭로하게 된다. 은밀하게 행동
해야 하는 해군에는 필요 없는 기술이다."
라고 하여 연구는 시작되지 못했다.

佐々木 梗, 『太平洋戦争レーダー開発史』,
http//home.e01.itscom.net/ikasas/radar/jprdf02.html

상관이 '은밀하게 행동해야 하는 해군'이라고 말한 이유는 쓰시마 해
전 재현을 목표로 한 교리에 따라 일본 해군은 야간 육박 어뢰전을 상정
하고 있었기 때문입니다. 즉, '일본 해군에는 어두운 밤 1만m에서 적을
발견할 수 있는 파수꾼이 있고, 세계에서 제일가는 93식 61cm 산소어뢰
가 있으며, 가게로급이라는 우수한 구축함이 있다. 레이더 따위는 불필요
하다'라는 뜻인데, 그것은 시대의 흐름을 읽지 못한 논법입니다.

1940년 7월부터 10월까지 영국 본토에서 벌어진 '영국 본토 항공
전'(Battle of Britain)을 지탱한 것은 레이더 방어망, 전투기 그리고 비행
관제 시스템 등으로 이루어진 '방어 시스템'이었습니다.

미국은 항공기 조기 감시 레이더 'SCR-270'을 1941년 6월 오아후섬
에 배치하면서 일본기 편대를 하와이섬 북쪽 200km 지점에서 포착할 수
있게 되었습니다. 1942년에는 SCR-270을 미드웨이섬에도 배치했습니
다. 같은 해 함선 탑재용 레이더 'SG'가 완성되자 처음에는 항공기 감시
레이더로 사용하던 것을 사격 제어 레이더와 연동하면서 일본 해군의 주
특기인 야간 육박 어뢰전을 어둠 속으로 묻어버렸습니다.

1944년 6월 19일 필리핀해 해전에서 오자와 지사부로 중장이 이끄는 일본 해군 최정예 제1기동함대의 265기에 이르는 제1차 공격대가 아웃레인지 전법이라는 장거리 공격을 시도했으나 막대한 손실을 피할 수 없었던 이유도 미군 측이 레이더로 150마일(약 240km) 전방에서 정황을 포착하여 거의 두 배에 달하는 전투기(450기)로 맞받아쳤기 때문이며, 또한 미 함대가 근접신관(비행기에 명중하지 않아도 목표물 근처에서 폭발함)이 장치된 포탄을 사용했기 때문이다. 기술 체계에 큰 혁신이 있었기에 더 이상 단순한 전법으로는 충분히 대응할 수 없게 되었다.

『失敗の本質—日本軍の組織論的研究』, 戸部 良一 ,中央公論新社, 1991

야간 육박 어뢰전이라는 한없이 교묘하고 치밀한 전법을 실행하기 위해서는 파수꾼 양성, 어뢰 개발, 구축함 건조를 바탕으로 맹훈련을 쌓아야 합니다. 하나라도 부족하면 전법 자체가 성립되지 않습니다.

한때 밤의 어둠을 훈련으로 극복했던 업적은 '찰나의 영광'에 지나지 않았습니다. 1936년 11월 제조병이었던 다니 게이키치로 중령의 제안을 일본 해군이 받아들일 생각이 없었다는 것이 애석할 따름입니다.

3-1에서 말했듯이 **오늘날 육상 전투가 아무리 근대화 되었다고 해도 최소 1,600m의 가시거리는 필요하고, 가급적 4,800m 이상의 가시거리는 확보해야** 합니다. 밤의 어둠을 극복하는 **야시장치**에 관해서는 **3-2**에서 다루겠습니다.

가시거리 극복

걸프 전쟁(1991년)으로 보는 관측 장비 싸움

　3-2의 주제는 1991년 제1차 걸프 전쟁에서 벌어진 전차 전투입니다. 먼저 가볍게 개인적인 체험으로 시작할까 합니다.

　저는 1969년 8월, 육상자위대후지학교 기갑과 간부초급과정(BOC)을 수료하고 후지학교 전차교도대 제5중대에 전차 소대장으로 복귀했습니다. 중대의 장비 전차는 61식 전차였습니다.

　당시 밤은 어둠이 지배하던 시대로 일본의 야시(night sightedness) 기술은 뒤처져 있었습니다. 61식 전차의 야간은 그야말로 재앙으로, 조종용 야시장치가 있긴 했지만 성능 면에서 매우 유치한 단계였습니다. 61식 전차의 비품으로는 **63식 조종용 야시장치 1형**이 구비되어 있었는데 사양은 다음과 같았습니다.

- 식별 가능 거리: 약 30m
- 시야각: 약 30도

- 출력 전압: 직류 약 14,000V
- 은닉 거리: 약 50m

　조종용 야시장치는 도시락 용기 같은 모양으로 조종수용 해치 위에 꽂게 되어 있었는데 조종수는 눈앞에 있는 장치의 접안부를 통해 잠수함의 잠망경처럼 전차 밖을 내다보았습니다. 형광색의 영상은 선명하지 않고 시야각은 좁으며 식별 가능 거리는 짧아서 노면의 요철을 식별하기 힘들 뿐만 아니라 조종수의 피로도 또한 매우 컸습니다.

　61식 전차의 조종석은 간단했으나 조종수용 해치를 닫고 있어야 했기에 환경이 매우 열악했습니다. 기름 냄새와 같은 강렬한 냄새, 조종석 좌측 트랜스미션의 열기, 톱니바퀴가 돌아가는 소음 등은 조종수의 멀미를 유발하기에 충분했습니다. 따라서 조종수가 장시간 야간 야시장치를 조종하기는 힘들었습니다.

당시 남베트남에 주둔하고 있던 미군은 1969년, 약 55만 명을 정점으로 지상전투 수행의 책임을 남베트남군에 이관하는 이른바 '베트남화 계획'을 추진해, 1971년 말 무렵에는 15만 명 정도까지 규모를 축소했습니다.

이런 상황에서 베트남에 있던 미 해병대 부대가 후지 캠프(고텐바시 다키가하라 주둔지)를 찾아왔습니다. 그들은 단기간의 훈련 후 다시 베트남 전쟁터로 돌아갔는데 일반 군대와는 사뭇 달랐습니다. 그들에게선 전쟁터의 냄새가 물씬 풍겨 왔습니다.

당시 미 해병대의 주력 전차 M-48 패튼을 훈련장에서 발견할 때가 있었습니다. 차체 상부에 달린 **투광기**를 선망의 눈으로 봤던 기억이 납니다. 일본의 61식 전차에는 없는 장비였기 때문입니다.

자료1 61식 전차의 조종 장치 배치도

출처: 『前進よーい、前へ』, 木元寛明, かや書房, 1999

■ 현대의 전차는 야간에도 주간과 마찬가지로 전투 가능

저는 1969년 61식 전차의 사격용 야시장치의 시제품 실험 사격에 실사 전차의 차장으로 참여할 기회를 얻었습니다. 당시 하타오카 사격장은 암흑천지의 밤으로 한 치 앞도 보이지 않았지만 이내 포수용 잠망경으로 내다본 약 1천m 전방의 표적에 감동했습니다.

그러나 2~3발 정도 사격하자 왠지 투광기 전면의 유리가 깨졌습니다. 그 후로도 그런 일이 벌어졌습니다. 투광기를 자세히 보니 전면 유리의 가장자리가 완전히 고정되어 있었는데 그것이 원인 같았습니다. 말하자면 전차포를 발사할 때의 충격파가 반동에서 비롯된 파동과 합성되는데 유리가 완전히 고정되어 있다 보니 빠져나갈 길을 잃어 깨지는 게 아닐까 싶었습니다.

그 후 **69식 조준용 야시장치로서 채택**된 투광기는 네 모퉁이가 개방되어 있었으니 제 추론이 아주 틀리지는 않았던 모양입니다.

오늘날의 전차는 **패시브(passive)식 열화상 장치(Thermal Imager)**를 탑재하여 3천여m 밖에서 목표를 육안으로 뚜렷하게 확인할 수 있고 **야간에도 주간과 다름없이 사격할 수 있게** 되었습니다.

61식 전차나 74식 전차의 조준용 야시장치는 액티브식(active)으로, 적외선을 쏘아 다만 **적외선을 쏘면 필연적으로 적에게 탐지된다는 문제점**이 있어 꼭 편리한 장치라고만은 할 수 없습니다.

야간의 전차 사격은 '조명탄 조명 아래에서 시행하는 방법', '직접 백색광을 쏘아 시행하는 방법', '적외선을 쏘아 시행하는 방법', '적이 쏜 적외선을 감지하여 시행하는 방법' 등이 있었습니다. 이것들은 시대에 뒤떨어진 사격이라 해도 과언이 아니지만 한때는 모두 밤의 어둠을 극복하여 전차 사격에 필요한 가시거리를 확보하는 데 필요한 수단, 방식이었습니다.

히가시후지 연습장에서 촬영한 미 해병대의 M-48A3. 90mm 강선포, 810 마력의 디젤 엔진, 크로스 드라이브 방식의 자동변속기를 탑재했으며 중량은 52톤. 주로 베트남 파견 부대가 장비했다.

74식 전차의 백색광 투사   출처: 육상자위대

■ 육군 근대화를 시행한 레이건 정권

걸프 전쟁이 끝난 직후 미국 상원 군사위원회가 던진 '어떻게 100시간 만에 전쟁에서 승리했는가?'라는 물음에 제24기계화보병 사단장 배리 맥카프리(Barry R. McCaffrey) 소장(이후 대장으로 승진)은 '이 전쟁

은 100시간 만에 이긴 것이 아니다. 15년을 들여 승리한 것이다'라고 답했습니다.

미국은 1973년 징병 제도를 폐지하고 지원병 제도를 시행했습니다. 베트남 전쟁의 후유증, 특히 육군 병사의 수준 저하가 심각한 문제였기 때문입니다. 어쩔 수 없이 수준 높은 장기복무 전문병사로 이루어진 소규모 군대로 전환할 수밖에 없었고 그러면서 **병기(weapon)에서 사상(ideas)과 인간(peoples)으로 중심을 옮겼**습니다.

위와 같은 육군 개혁을 1973년 7월 1일 창설된 **훈련교리사령부**(**TRADOC** : Training and Doctrine Command, 트래닥)가 담당했습니다. TRADOC의 임무는 육군의 미래상을 그리면서 알맞은 인재를 모집해 기본 교육을 시행하고, 간부 요원(장교, 하사관)을 육성해 불확실한 국제 환경 속에서 승리하는 육군으로 변화시키는 것입니다.

TRADOC은 1976년, **6일 전쟁**(1973년의 제4차 중동전쟁)의 교훈을 받아들여 **적극 방어 교리(active defense doctrine)** 를 채택했습니다. 1982년에는 소련군의 급속한 확대 및 근대화에 맞서 유럽 전쟁터에서 소련군에 승리하기 위한 **공지전투 교리(airLand battle doctrine)로** 이행하여 레이건 정권하에서 육군을 근대화하는 데 적극 힘썼습니다.

새 교리를 바탕으로 편성 일신(86사단), 최신 시스템 장비화, 교육 훈련의 근대화(국립훈련센터 창설), 인재 육성 등을 강력히 추진했습니다. 특히 UH-60 블랙 호크, M1 에이브람스, AH-64 아파치, 패트리어트, M2/M3 브래들리 등 **빅5가 장비 근대화의 중심**입니다.

■ 냉전 시대의 개혁은 걸프 전쟁으로 개화

미 국방부는 1981년 9월 『SOVIET MILITARY POWER』라는 소련의 군사력 현황을 밝힌 획기적인 데이터를 공개했습니다(**자료2**). '과거 15여 년에 걸쳐 소련은 군사력 전체의 근대화, 양적 확대를 착실히 수행해 전쟁이 발발하면 NATO군의 모든 정면을 돌파하고 도버해협으로 나가 전 유럽을 석권할 만한 수준에 도달했으니, 이를 간과하면 NATO군의 승리는 위태로워질 것이다'라고 강하게 경고했습니다.

자료2 소련&WP의 전차 · 장갑전투차 생산 대수

	1976년		1977년		1978년		1979년		1980년	
	소련	WP	소련	WP	소련	WP	소련	WP	소련	WP
전차의 총 수량	2,500	800	2,500	800	2,500	800	3,000	800	3,000	750
T–55	500	–	500	–	500	–	500	–	500	–
T–64	500	–	500	–	500	–	500	–	500	–
T–72	1,500	–	1,500	–	1,500	–	2,000	–	2,500	–
T–80	–	–	–	–	–	–	시제차	–	시제차	–
장갑 전투차	4,500	1,800	4,500	1,900	5,500	1,700	5,500	1,600	5,500	1,200

출처: 『SOVIET MILITARY POWER』 미 국방성, 1981

자료3 미 육군의 1981~1984년 장비 조달 계획

	FY 81	FY 82	FY 83	FY 84	예정 계획
M1 에이브람스 전차	569	700	856	720	월 60대 생산, FY 90까지 7,058대 취득
M2/M3 브래들리 전투차	400	600	600	600	월 50대 생산, FY 89까지 6,882대 취득

FY: Fiscal Year(회계연도)　　　　　　　　　　　출처: FY 1984 국방 보고

1980년의 시점에 T-64/T-72(125mm 활강포 탑재) 장비 수는 1만 1천 대에 달했으며 이윽고 신예 T-80이 등장했습니다. 그리고 그에 대응해 전차의 질과 양을 정비하는 일이 중요 과제로 떠올랐습니다. 미 육군은 **M1 에이브람스를 월 60대의 속도로 생산하여 1990년도까지 7,058**

대 **취득**한다는 계획을 즉시 실행에 옮겼습니다(**자료3**).

1989년은 격동의 해로, 동유럽 혁명이 베를린 장벽 붕괴, 동서독 통일, 미·소 정상회담(몰타 회담)에 의한 동서 냉전 종식 선언으로 이어져, 결과적으로 NATO군과 WP(바르샤바조약)군의 삼엄한 대치 상태는 해소되고 중부 유럽이 공지전투[9]의 전쟁터가 될 가능성은 사라졌습니다. 레이건 정권의 공약인 '강한 미국 재건'은 피를 흘리지 않고도 달성되었습니다.

그런데 1990년 8월 이라크군의 기습 침공으로 쿠웨이트 전역이 군사 점령된 일을 발단으로, 이듬해 1991년 1~3월에 걸쳐 다국적군이 쿠웨이트에서 이라크군을 국경 밖으로 몰아내는 이른바 **제1차 걸프 전쟁**이 일어났습니다. '**100시간 전쟁**'이라고도 불리는 이 지상전은 공지전투 교리에 입각해 이루어졌습니다.

■ 미군은 T−72를 큰 위협으로 여겼지만……

지상전은 레이건 정권 때부터 시작해 육군 근대화를 완성한 미 육군의 독무대였습니다. T-72 전차의 등장으로 서방 주력 전차의 질적 우위가 뒤집힐지도 모른다는 위기감에서 M1 전차의 장비를 서둘렀지만, M1 전차의 탁월한 **주야간 전투 능력**은 T-72 전차에 있어 완벽한 기술적, 전법적 기습이 되었습니다.

참고로 열영상 조준경은 목표와 배경의 온도 차로 이미지를 형성하므로 **주야간에 관계없이 사용 가능**합니다.

미군은 '이라크군이 보유한 T-72와 T-72M1의 장갑판은 2천m 밖에서 발사된 M1에이브람스의 105mm 탄에 충분히 버틸 수 있다' '개량형인 T-72M1s와 T-72Ms만큼은 레이저 거리 측정기를 탑재하고 있어 1천m 밖에서 125mm 포로 M1에이브람스를 관통할 수 있다'라고 예상

---

9 전투력을 최대로 끌어 올리기 위한 공군과 육군의 통합적인 작전

했습니다(다만 수출되는 전차는 일반적으로 스펙을 낮춤. 125mm 포는 T-72의 표준 장비).

■ **전차의 관측 장비**

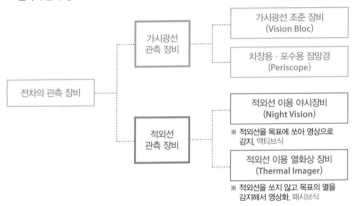

소련군의 T-72는 125mm 활강포, 레이저 거리 측정기, 아날로그식 탄도 계산기 등으로 이루어진 사격 통제 시스템(FCS)을 갖춰, 사거리 2천m에서의 높은 격파 능력, 자동 장전기 탑재에 따른 분당 8발의 빠른 발사 속도 등 강력한 화력이 특성입니다.

T-72의 적외선 야시장치는 패시브 방식으로 감지 능력이 1천m 이하였습니다. **M1A1(120mm 포)(사우디아라비아 전장에 투입한 후 120mm**

포로 교체)에 탑재된 서멀 사이트(열화상 시찰 장치)는 낮이든 밤이든 3,500m 밖에서 이라크군의 T-72를 포착하여 아웃 레인지에서 일방적으로 적을 격파할 수 있었습니다.

■ 후사면 진지를 이용한 이라크군

100시간 전쟁은 극단적으로 말하자면 M1에이브람스와 T-72의 십년에 걸친 인연의 싸움이라고 할 수 있습니다. 그럼 T-72는 M1에이브람스를 상대로 어떻게 싸웠을까요?

미 육군이 발간한 전쟁사 『CERTAIN VICTORY』에 구체적으로 서술되어 있듯이 이라크군은 **후사면 진지**를 여러모로 이용하여 최신화된 강력한 미군 전차에 대응했습니다(**자료4**). 미군 측에서 봤을 때는 전사면(와디의 바닥)이 되는 위치에 전차를 배치해 미군 전차가 능선을 넘었을 때 사격을 개시한 것입니다.

전쟁터가 된 사막에는 와디wadi(마른 골짜기)가 많아 후사면 진지를 구축하기에 알맞았습니다. **후사면 진지를 이용하는 것은 약자의 전법으로, 지형을 활용해서 전력 열세를 보완**합니다.

그렇다면 이라크군에 있어 이상적인 사격 거리는 어느 정도였을까요?

여기서 말하는 사격 거리란 '사격 진지에서 능선 끝까지의 거리'입니다.

- 주간 전투일 경우 1,800~2,000m
- 야간 전투일 경우 800~1,000m

전차포의 위력은 120mmG와 125mmG로 거의 동등합니다. 장갑 방어력은 M1에이브람스가 유리해서 이라크군은 T-72의 차체를 묻은 채 포탑을 노출시켜 싸웠습니다. 관측 장비의 경우 M1에이브람스의 서멀 사이트는 **주야간을 불문하고 3,500m** 밖에서 목표를 발견할 수 있었는데

자료4 마른 골짜기를 이용한 이라크군의 후사면 진지

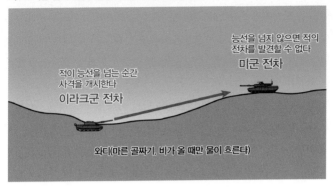

능선을 넘지 않으면 적의
전차를 발견할 수 없다
미군 전차

적이 능선을 넘는 순간
사격을 개시한다
이라크군 전차

와디(마른 골짜기. 비가 올 때만 물이 흐른다)

T-72의 관측 가능 거리는 **주간 2,000m, 야간 1,000m** 이하였기에 미군
이 압도적으로 유리했습니다.

사격 거리는 당연히 '밤낮 연속으로 이루어지는' 근대전의 실정을
고려해서 결정해야 합니다. 후사면 진지는 싸우는 도중 진지를 전환
하기 힘들므로 **현실적인 사격 거리는 주야간에 상관없이 최소 거리인
800~1,000m**입니다. 따라서 **야간의 야시 능력 차이가 승부수로 작용**한
다는 결론이 납니다.

1991년 2월 27일 오전 11시 30분, 제70기갑연대 제2대대의 전차 승
조원은 능선 끝으로부터 3,000m 밖의 이라크군 전차와 기타 장갑차량이
모래 속 깊이 묻혀 있는 모습을 서멀 사이트로 뚜렷이 포착하고 2,800m
떨어진 곳에서 사격을 개시했습니다. 그 거리라면 이라크군 전차가 미 전
차의 모습을 볼 확률은 거의 없습니다. 사격과 동시에 AH-64 아파치가
전차의 상공 30피트(약 9m) 지점에서 호버링[10](hovering)하며 헬파이어
를 발사했습니다.

이것은 **'메디나 능선 전투'의 한 장면**인데, 이라크군 메디나 사단장은
능선 끝으로부터 3,000m나 되는 거리에 T-72 전차의 사격 진지를 구축

---

10 항공기 등이 일정한 고도를 유지한 채 움직이지 않는 상태

한다는 치명적인 오판을 저질렀습니다. 아마도 경사면을 내려오는 미 전차가 유효 사거리 안(2,000m)에 도달한 순간 뜻밖의 기습 사격을 퍼부을 의도였던 것 같습니다. 추측하자면 이라크군 메디나 사단장은 미군의 서멀 사이트가 주야간을 불문하고 3,500m 밖에서 목표를 발견할 수 있다는 사실을 몰랐을 겁니다.

1993년에 저는 전차연대장이었는데 당시 90식 전차의 서멀 사이트를 보고 '이렇게 잘 보일 수가 있다니' 그런 생각이 들어 경악한 기억이 있습니다.

■ T-72에는 구조적으로 큰 문제가 있었다

지금까지 설명했듯이 주·야간을 불문하고 사용할 수 있는 서멀 사이트와 야간에만 쓸 수 있는 패시브 방식 야시장치의 결정적인 기술 차이가 M1에이브람스와 T-72의 승부를 갈랐는데, T-72에는 또 하나의 구조적 문제가 있었습니다.

미 육군은 T-72를 높이 평가했으나 100시간 전쟁에서 치명적인 결함이 드러났습니다. T-72의 자동 장전기는 탄환과 장약이 분리된 **분리탄**이기에 **피탄(발사)되면 전투실 안의 장약이 유폭**[11]**되어 포탑이 날아갔**습니다.

자동 장전기의 경우 포탑 바스켓 하부에 2개의 회전식 삽탄기(회전목마 방식)가 있습니다. 장전 시 포미가 자동으로 내려가면 탄약 호이스트가 탄환과 장약을 끌어올리고 동력 래머(ramrod)가 약실에 밀어 넣는 시스템입니다.

전투실 안에 탄약을 수납하는 일 자체가 전차에 취약한데, T-72의 경우 약 40개의 장약이 고스란히 전투실에 노출되어 있었습니다. M1 전차의 후속 서방 전차는 **탑재 탄약의 유폭으로 승조원이 피해를 입는 사태를**

---

11 하나의 폭발이 원인이 되어 연쇄적으로 또 다른 폭발을 일으킴

방지하기 위해 블로아웃 패널[12](Blow–out panel)를 갖췄으나, 당시 소련에는 그 기술이 없었습니다.

자료5 T–72 전차의 탄약

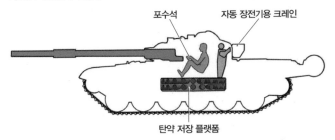

내부 폭발로 완전히 파괴된 T–72 전차 　　출처: 월간 『PANZER』

건물 위까지 날아간 T–72 전차의 포탑 　　출처: 월간 『PANZER』

　미 육군의 전쟁사에는 **M1에이브람스의 주포가 이라크군 전차 1대를 격파하는 데 1.2발 이하의 탄약이면 충분했다**고 기록되어 있습니다. 제2차 세계대전의 평균 17발에 비하면 현저히 낮은 수치로, 이것은 정확한

12　상대적으로 약하게 설계된 구조물. 유폭이 발생했을 때 가장 먼저 날아가 압력을 분산시킨다

무기 시스템과 전차 승조원(차장, 포수, 조종수, 장전수)의 우수한 사격 기량이 일으킨 상승효과 덕분입니다.

M1에이브람스는 적군의 전차와 교전 시 항상 전차 정면을 적군 쪽에 두고 싸웠습니다. 정면의 장갑은 열화우라늄으로 강화되어 있었기 때문입니다. 또 철갑탄(APDS-FS)의 탄심도 열화우라늄 합금으로 만들어 관통력을 높였습니다. M1에이브람스의 승조원은 '**내 전차는 총에 맞아도 절대 파괴되지 않는다**'라는 확신을 품고 전쟁터에 임했습니다.

전차의 관측 장비

점점 육안에 가까워졌다

현대 전차에는 컴퓨터를 비롯한 최첨단 기술이 적용되어 있습니다. 흡사 로봇 같은 시스템 병기가 되어 저처럼 61식 전차를 몰던 세대에게 마치 다른 차원의 전투 차량처럼 느껴집니다.

아래의 그림은 M1에이브람스의 후속 전차로서 1981년에 개발된 테스트 베드로, **모든 승조원이 차체 전면의 캡슐에 배치되는 획기적인 구조**였습니다. 기술의 진보로 인해 외부 정보는 모두 눈앞의 디스플레이에 표시되었는데 40년 전의 것이라 하기에는 대담하고 의욕적인 시도였습니다.

3-2(**84쪽**)에서 말했듯이 100시간 전쟁에서 서멀 사이트는 현대의 전차전에 획기적인 변화를 가져다줬습니다. 그리고 가까운 미래의 전차는 더욱 진화할지도 모릅니다. 소련의 붕괴로 테스트 베드 개발은 중단되었지만, 2015년 러시아에서 T-14 아르마타가 등장해 테스트 베드의 재래(再來)를 예감케 했습니다.

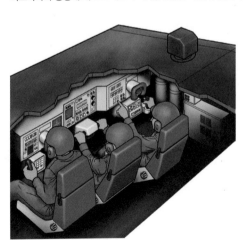

그래도 육안보다 정교한 관측 장비는 없겠지만 과학기술이 진보함에 따라 관측 장비도 한없이 육안에 가까워졌다고 할 수 있을 겁니다.

3명의 승조원이 차체 전면의 장갑 캡슐에 배치된다.

박명(薄明)

밝기가 급격히 변화하는 시간을 이용한다

예전에는 일출 전과 일몰 후 가시거리가 변화하는 시간대를 전술적으로 이용했습니다.

○ BMNT(Begin Morning Nautical Twilight)

새벽의 항해 박명은 날씨가 맑고 조명이 없을 경우, 태양이 동쪽 지평선 아래 12°
지점에 위치할 때부터 시작된다. 지상 목표의 전체적인 윤곽을 식별하고 한정적인
군사 행동을 하는 데 충분한 밝기다.

○ BMCT(Begin Morning Civil Twilight)

새벽의 시민(상용) 박명은 태양이 동쪽 지평선 아래 6 지점에 위치한 시간으로, 목
표를 보조 도구 없이 뚜렷하게 볼 수 있는 밝기다.

○ EECT(End Evening Civil Twilight)

저녁의 시민(상용) 박명은 태양이 서쪽 지평선 아래로 6°까지 졌을 때 종료된다. 이
때는 보조 도구 없이 맨눈으로 목표를 보기에 충분한 밝기가 아니다.

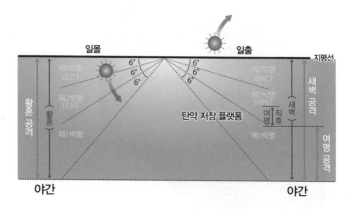

○ EENT(End Evening Nautical Twilight)

저녁의 항해 박명은 태양이 서쪽 지평선 아래로 12°까지 졌을 때 종료된다. 육안으로 한정적인 군사 행동을 벌이는 데 필요한 밝기의 최종 단계이다. 이 시간대에는 이미 빛이 전혀 존재하지 않는다.

전쟁터를 뒤덮는 먼지와 연기

아군의 눈을 가린다

전투 행동 중 자연현상이 아닌 요인 때문에 대기가 오염되어 가시거리가 현저히 떨어질 때가 있습니다. 전쟁터에서 상정할 수 있는 2대 요인은 **야전포나 박격포에서 발사된 유탄**(HE: High Explosive)**과 대규모로 사용되는 발연탄**입니다.

공격 전 이루어지는 집중적인 유탄 포격(탄막 사격)은 적 부대를 살상하기 위한 것이지만, 풍향을 고려하지 않았을 경우에는 착탄 시 폭발하면서 날리는 모래 먼지에 아군의 가시거리가 제한될 수도 있습니다.

효과적으로 연막을 피우기 위해서는 풍속과 풍향이 매우 중요합니다. 빗방울은 모든 대기 오염 물질을 씻어 내려 무용하게 만듭니다. 골짜기 상공의 기온 역전은 공중의 모래 먼지, 연기 등을 장시간 머무르게 합니다.

작전 지역에서 가시거리를 저하하는 그 밖의 요인에는 **차량 통행으로 피어오르는 모래 먼지와 야전포·박격포 사격에 의한 발사연**[13]**(發射煙)**이 있습니다. 이런 요인은 아군의 시야를 흐릴 뿐만 아니라 부대의 이동 경로와 세부 위치를 탐지하고자 하는 적에게 유리하게 작용하기도 합니다.

74식 전차가 발연탄을 발사해서 대규모 연기가 발생한 상황   출처: 육상자위대

---

13 총포를 쏘았을 때 나는 연기

제4장

「해양 상황」이 승부를 가른 전투

만약 그때 일본이 항복하지 않았더라면 1945년 11월에
일본 열도를 침공할 예정이었다. 작전 실시 도중 태풍이
그 해역을 덮쳤더라면 침공 함대에 동원된 군수 물자와
함선에 막대한 피해를 입었으리라.

『TIDE OF WAR』
David R. Petriello, Skyhorse Publishing, 2018

제4함대 사건

거대 삼각파도가 구축함 함수 절단

제1차 세계대전(1915~1918년) 종료 후 세계적으로 평화를 요구하는 움직임이 커지면서 미국의 주도로 워싱턴회의(1921~1922년)가 개최되었고, 해군 주력함과 항공모함의 보유량을 제한하는 **워싱턴 해군 군축조약**이 체결되었습니다.

조약은 미국·영국 5, 일본 3, 프랑스·이탈리아 1의 비율을 유지하고 주력함 건조를 10년간 중단한다는 내용으로, **일본은 영·미 대비 60%**라는 비율을 받아들일 수밖에 없었습니다.

> 워싱턴 회의장의 탁상 해전에서 두 눈 빤히 뜨고 세계 최우수 전함인 도사, 가가를 비롯하여 군함 14척을 격침당한 일본 해군은 사실상 영·미 양국의 작전이 점점 일본을 포위·압박하고 있음을 통감했다.
>
> 『駆逐艦──その技術的回顧』, 堀 元美, 原 書 房, 1987

보조함의 경우 한 척당 최대 배수량 1만 톤, 비포備砲 구경 8인치(20cm)까지 허용하는 것 이외에는 제한을 두지 않아 그 후 각국 간에 유력 순양함, 구축함, 잠수함 등의 건조 경쟁이 펼쳐집니다.

일본 해군은 '영·미 대비 60%라는 약점을 보완하려면 순양함 이하 보조 함군을 강화하는 수밖에 없다'라고 판단해 우수하고 성능 좋은 구축함, 신예 20cm포 순양함, 기동력 높은 잠수함을 삼 대 주축으로 하는 건함[14] 방침을 내세웠습니다.

그리하여 **특형 구축함 후부키급**이라는 일본 해군의 야심작이 탄생했습니다. 특형 구축함은 비교적 소형임에도 강력한 무장을 갖추고 파도에 올라타 속력을 내는 항해 성능도 무척 뛰어나서 세계 해군의 주목을 받았습니다.

특형 구축함은 총 24척 건조되었는데, 요코스카시 부두에서 건조된 1번함 '이소나미'가 처음 군함기를 게양할 때가 1928년 6월 30일이었습니다.

혁신적이라고도 할 수 있는 고성능 특형 구축함이 완성되었으나 총중량이 초과되었음에도 선각은 10톤 가까이 줄었으니 **강력한 성능에 비해 작고 경쾌한 신형함은 선각 구조의 희생이라는 무리수 위에 완성**된 셈입니다.

배수량이 당초 계획에서 10% 늘어나 파도 속에서 함이 위태로운 상황에 놓였을 때 10% 큰 응력을 받게 되었지만, 그 문제에 가벼워진 선각으로 대응하여 7년 후 혹독한 시련에 직면합니다.

자료1 특형 구축함 후부키급의 설계 사양

수선상 길이			115.3m
최대 폭			10.37m
흘수(평균)			3.193m
배수량(계획 공시 상태)			1,680톤
기관 출력			50,000마력
속력			37노트
주포	12.7cm	연장 3기	6문
발사관	61cm	3연장 3기	9문

출처: 『駆逐艦—その技術的回顧』, 堀 元美, 原 書 房, 1987

자료2 특형 구축함의 측면도(제3그룹의 형태)

■ 우수한 '특형 구축함'을 경계한 영·미

'모난 돌이 정 맞는다'라는 말이 있듯이, 미국과 영국은 1930년 1월 공동으로 모의해 보조함 보유량의 제한을 주된 목적으로 하는 **해군 군축회의(런던회의)**를 소집했습니다.

자료3 런던조약에 따른 영·미·일의 보조함 보유량

		일본	영국	미국
갑급	총기준배수량(톤)	108,000	146,800	180,000
	상기 비율(%)	60.2	81	100
	수량	12	15	18
을급	총기준배수량(톤)	100,450	192,200	143,500
	상기 비율(%)	70	134	100
구축함	총기준배수량(톤)	105,000	150,000	150,000
	상기 비율(%)	70	100	100
잠수함	총기준배수량(톤)	52,700	52,700	52,700
	상기 비율(%)	100	100	100

출처: 『駆逐艦─その技術的回顧』, 堀 元美, 原 書 房, 1987

런던조약에서는 기준 배수량 1,850톤 이상에 13cm 이상의 포를 갖춘 군함을 순양함으로 보았고, 그중 15.5cm 이상의 포를 장비했으면 갑급 순양함(중순양함), 그보다 작으면 을급 순양함(경순양함)이라고 정의했습니다.

이미 워싱턴조약에서 주력함 이외의 군함은 1만 톤 이하, 20cm 포 이하로 제한했기에, 자연히 갑급 사양은 1만 톤에 20cm 포, 을급 사양은 1만 톤에 15.5cm 포가 됩니다. 주력함이 이미 60%로 제한된 상황에서 이를 보완할 중순양함이 60%로 더욱 제한된 셈입니다.

구축함의 경우 '1,500톤보다 큰 구축함은 전 보유량의 총 배수량을 기준으로 16%까지'라는 제한이 있어, 1930년 4월 1일 이후에는 당시 기공에 들어간 특형 구축함을 제외하고 1,500톤 이하의 함만 건조할 수 있게 되었습니다. 즉, **일본 해군의 우수한 특형 구축함을 더 이상 건조할 수 없게 만드는** 내용이었습니다.

> 런던조약이 3국의 구축함을 1,400톤으로 제한한 것은 일본이 건조할 것으로 예측되는 특형 이후의 신 구축함이 특형 이상의 전력과 항해 성능을 갖춤으로써 주력 함대의 해상 결전에서 한몫하는 일을 용납하지 않으려고 고의로 설정한 교묘한 함정이었다고 볼 수밖에 없다.
>
> 평화를 보증해야 할 군축 조약이 사실은 싸우지 않고도 일본 함대 수를 점점 감소시키니 일본 입장에서는 그야말로 외교 전쟁이며, 미국의 회의 작전으로 인해 국방 병력이 한발 한발 궤멸에 다가가고 있다고 판단했더라도 전혀 의아할 게 없다.
>
> 『駆逐艦―その技術的回顧』, 堀 元美, 原 書 房, 1987

1930년 3월 7일 특형 구축함 '이카즈치'와 '이나즈마'가 기공 후 세상에 나왔습니다. 그러나 특형 구축함으로 완성된 것은 모두 24척뿐이었습니다. 당초 계획(1등 구축함과 2등 구축함을 합쳐 58척)의 절반에도 못 미치는 숫자였습니다.

그 후 구축함 설계는 병력으로 쓰기에는 충분하지 않은 1,400톤급으로 한정되었습니다.

그리하여 일본 해군은 기술적으로는 '개별함의 우수성'을 위해 철저히 노력했고 전술적으로는 휴일이 없는 맹훈련에 돌입했습니다. 이런 배경 때문인지 1935년 9월 26일, **특형 구축함 '유기리'와 '하쓰유키'의 함수 절**

단이라는 사상 초유의 해난 사고가 일어납니다.

■ 두 번째 태풍과 조우한 수뢰전대

1935년 9월 25일, 해군의 대규모 군사 훈련을 위해 임시 편성된 붉은 군대 제4함대(4F: 가상의 적 부대)는 첫 번째 태풍의 영향으로 쓰가루해협을 동쪽으로 나아갔습니다.

오전 6시에는 제3수뢰전대와 제4수뢰전대를 비롯해 제5구축대와 제1항공전대까지 모든 구축함이 하코다테를 출항했습니다. 제4수뢰전대는 특형 구축함 '아마기리' '유기리' '하쓰유키' '오보로' '아케보노' '우시오'로 구성되어 있었습니다.

오후 4시에는 제2전대('아시가라' '센다이' '다이게이'), 제5전대('묘코' '나치' '하구로'), 제7전대('모가미' '미쿠마'), 제9전대('기타카미' '기소' '오이' '덴류'), 제1항공전대('류죠' '호쇼') 등 주력부대가 출항합니다.

이튿날 26일 오전 4시 30분, **중앙 기상대는 폭풍 경보를 발령하고, 지바현 이누보사키의 동쪽 150해리(약 270km) 지점에서 맹렬하게 두 번째 태풍이 북상 중임을 방송**했습니다. 이때 모든 함대는 이미 시모키타 반도에서 동쪽으로 100해리(약 180km) 이상 떨어진 곳에 나가 있었습니다.

오전 10시 40분, 제4함대 사령부('아시가라')는 중앙 기상대의 기상 방송을 통해 두 번째 태풍이 초대형으로 성장해 북북동으로 진로를 틀어 매우 빠른 속도로 돌진 중임을 알았습니다. 그리고 오후 3시경에는 태풍이 함대와 맞닥뜨릴 것임을 알아차렸습니다.

두 번째 태풍과의 조우를 염려하는 제4함대 사령부 내에서는 '전쟁이 발발하면 태풍 속에서 해전, 전투를 치러야 할 수도 있을 것이다. 둘도 없는 기회이니 이대로 훈련을 속행하자'라는 적극론과 '두 번째 태풍의 강도, 진로, 폭풍 반경으로 보아 제4함대가 태풍과 맞닥뜨리면 큰 손실을 볼 것이므로 즉각 훈련을 중단하자'라는 신중론이 검토된 모양입니다.

함대가 조우한 두 번째 태풍은 산리쿠 연안을 지날 무렵에는 중심 기

자료4 두 번째 태풍의 진로

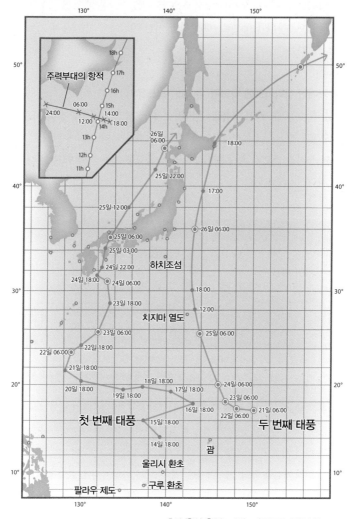

출처: 『【検証】戦争と気象』, 半澤正男, 銀河出版, 1993

※ 해군 수로부가 작성하고, 전쟁 후 업무를 이러받은 해상보안청 수로부가 공표한 자료
　진로에 병기된 숫자는 날짜와 시각

압 960밀리바(헥토파스칼)로 북북동을 향해 80km/h의 빠른 속도로 이동 중이었고, 150해리 이내의 폭풍은 25m/s였습니다. 수뢰전대는 태풍의 중심으로부터 동쪽으로 100해리 떨어진 지점에서 이 태풍과 조우했습니다(**자료4**).

■ **거대한 삼각파도에 파괴된 '유기리' '하쓰유키'**

오후 4시 2분, **특형 구축함 '유기리'**는 15m 남짓의 거대한 **삼각파도**에 함수艦首 전체가 휩쓸려 함교[15]를 기준으로 앞부분이 물속에 잠겼고, 엄청난 충격을 받으며 다시 뱃머리를 들어 올렸을 때는 이미 함교 앞 선체가 사라진 뒤였습니다.

특형 구축함 '유기리' '하쓰유키'와 같은 급의 '시키나미'
출처: 『軍艦写真帳』, 海軍協会, 海軍協会, 1930

같은 날 4시 42분, **특형 구축함 '하쓰유키'**는 오른쪽 뱃전 앞부분이 큰 파도에 받혀 단번에 커터와 전동 측심기를 바닷속으로 유실했습니다. 이어서 여러 차례 큰 너울을 넘는 사이 어느덧 5시 29분, 끝이 뾰족하게 벼려진 삼각파도와 맞닥뜨린 함선은 '유기리'와 마찬가지로 함교 밑동에서 선체가 꺾여 마치 톱으로 썬 듯 절단되었습니다.

자료5는 앞의 지도와 같은 자료입니다. 예부터 '**태풍 진로의 오른쪽은**

15   함장이 항해 중에 함을 조종·지휘할 수 있도록 갑판 맨 앞 한가운데에 높게 만든 갑판

자료5 태풍권 내의 파랑 계급

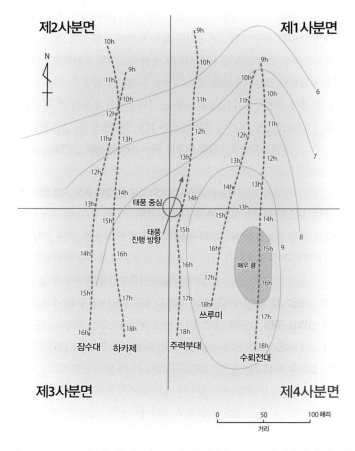

곡선은 파랑의 정도를 나타내고 병기된 숫자는 계급을 나타냄. 점선은 태풍에 대한 각 함(부대)의 상대적 위치를 나타냄

출처: 『【検証】戦争と気象』, 半澤正男, 銀河出版, 1993

위험반원'으로 알려졌는데 수뢰전대는 그 가장 위험한 반원(기하학 용어로는 제4사분면)에 돌입한 것입니다.

제4함대의 각 함들은 악천후 속에서도 기상과 해상을 관측하고 정시에 파고를 지도에 표시했습니다(**자료5**). 그 결과 **제4사분면에 묘하게 높은 파랑 지역이 존재함**이 밝혀졌는데 이는 일본 해군의 대발견이었습니다. 그 사실은 군사 기밀로 지정되어 일본 해군이 사라질 때까지 공개되지 않았습니다.

태풍권의 제4사분면에서는 거대한 소용돌이 형태로 태풍의 중심을 향해 불어 드는 반시계 방향의 바람 때문에 파도가 이는데 그 파도가 태풍 바깥(남동쪽)에서 오는, 태풍이 남겨 두고 간 너울과 부딪히면 거대한 삼각파도가 형성됩니다. 그것은 고립된 듯 해면 곳곳에 우뚝 솟은 무시무시한 큰 파도입니다. 4F 사건 때 이 삼각파도의 높이는 20m를 넘었다고 합니다.

『【検証】戦争と気象』, 半澤正男, 銀河出版, 1993

제4함대 사건과 관련하여 해군이 시행한 조사 연구는 전쟁이 끝난 후 **해상보안청 수로부(해군 수로부의 업무를 계승)에서 『항해 참고 자료 2, 태풍편』으로 간행**되어 선박의 안전 운항에 활용되고 있습니다. 미 학술지에도 발표되어 제4사분면의 비밀은 전 세계에 알려지게 되었습니다.

제4함대는 두 번째 태풍의 제4사분면에서 '유기리' '하쓰유키'뿐만 아니라 다수의 함에 손상을 입었습니다. 이러한 내역을 정리한 것이 자료6입니다.

이 제4함대 사고는 많은 인명을 잃은 불행한 사건이었으나, 해군은 최대한 외부 유출을 꺼리고 조함[16] 기술의 비약적인 향상을 꾀하는 데 활용했다.

『空白の戦記』, 吉村昭, 新潮社, 1981

해군은 최신예 특형 구축함의 함수 절단을 '국방상 중대 문제'로 인식해 '악천후를 무릅쓰고 군사 훈련에 임하던 중 구축함 '하쓰유키', '유기리'는 함수부에 상당히 큰 손해를 입었다'(해군성 발표)라고 사실을 호도했습니다. **제4사분면의 비밀은 제4함대의 해난 사고로 밝혀진, 그야말로 '요행'에 의한 기상·해상의 획기적인 발견**인데, 조직에는 그런 비정한 면이 있는 것 또한 사실입니다.

자료6 제4함대 함정의 피해 상황

특형 구축함	'하쓰유키' '유기리'	함수부 절단 유실
구축함	'기쿠즈키' '무쓰키' '미카즈키' '아사카제'	함교 붕괴
항공모함	'류죠'	돛대 압착
항공모함	'호쇼'	비행 갑판 전단부 압착
중순함	'모가미'	함수 외판에 균열 발생
중순함	'묘코'	선체 중앙부 외판의 리벳 이완
특형 구축함	여러 척	뱃전판에 위험한 구김 발생(절단되기 직전)

출처: 『【検証】戦争と気象』, 半澤正男, 銀河出版, 1993

제4함대 사건이 일어나기 1년 전인 1934년 3월 12일, **지도리급 수뢰정 3번함 '도모즈루'(738톤)가 사세보항 밖에서 전복되어 표류**하는 경악스러운 사건이 일어났습니다. 풍력 20m/s, 파고 4m의 악천후 속에서 수심과 파도의 방향 때문에 복잡한 삼각파도가 발생했던 것입니다. 작은 함정에는 여러모로 악조건의 해상이었습니다.

전복 원인은 바로 런던조약에 따른 무리한 설계 탓이었습니다. '소형함을 강력히 무장'한다는 미명 아래 상부가 무거워지고 복원력이 떨어지는 설계를 해왔던 것입니다. 과거 일본 해군은 이런 시련을 겪었습니다.

16 군함을 설계하여 만듦

■ 미 해군도 농락한 태풍 '코브라' '바이퍼(코니)'

제4함대 사건 9년 후, 1944년 10~11월 레이테섬을 둘러싼 해류 결전에서 일본은 패했습니다. 그 이후 일본 대본영은 레이테섬을 버리고 결전지를 루손섬으로 변경합니다.

당시 서태평양의 미 해군에는 니미츠 제독이 지휘하는 제3함대-3F(홀시 중장)와 서남태평양 총사령관 맥아더 장군이 지휘하는 제7함대-7F(킨케이드 중장), 총 두 개의 함대가 있었습니다. 3F는 항공모함을 주체로 하는 기동부대, 7F는 전함·중순함을 주체로 하는 육상 지원부대입니다.

3F의 함선 132척은 루손섬에서 동북쪽으로 480km 떨어진 해상에서 태풍 진로를 잘못 예측해 1944년 12월 18일 오전 중에서 정오 무렵에 걸쳐 **기록 사상 초대형 태풍 '코브라'와 정면충돌**했습니다. 그 결과 **구축함 3척, 항공기 146대, 병사 778명을 잃고** 해전 1회에 필적하는 큰 손해를 입었습니다(**자료7**).

3척의 구축함은 오전 11시부터 2시간도 채 지나지 않아 전복되어 침몰했습니다. 당시 기록에 의하면 태풍 코브라는 최대 풍속 64m/s, 최대 파고 21m로 기록적인 재해였습니다.

자료7 미 제3함대 사건(1944년 12월 17~18일)

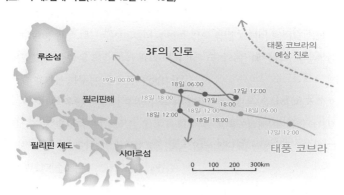

출처: 『【検証】戦争と気象』, 半澤正男, 銀河出版, 1993

110

■ 삼각파도가 최신예 중순양함 '피츠버그'를 파괴

반년 후인 1945년 6월 5일, 1천2백13척을 갖추고 유례없는 대함대로 성장한 3F는 오키나와 공략 작전을 수행하던 중 또다시 **거대한 태풍 '바이퍼(코니)'와 정면충돌했습니다. 무려 33척의 함선에 피해를 입고 78대의 항공기를 잃었**는데 이때도 지난번처럼 함대의 기상 참모가 잘못 예보한 것이 주된 원인이었습니다.

그리고 미 해군 당국에 충격을 준 사건이 또 있었습니다. 일본의 제4함대 사건을 방불케 하는 **최신예 중순양함 '피츠버그'(13,600톤)의 함수 절단 · 유실**입니다. 피츠버그는 긴 시간 맹렬한 바람과 거대한 삼각파도에 농락당한 끝에 함수부(총 길이의 15%)를 잃었습니다.

미 해군 3F의 해난 사고 두 건은 서태평양의 기상 관측 데이터가 부족해 기상 참모가 잘못 예보한 것을 직접적인 원인으로 볼 수 있지만 일본 제4함대의 특형 구축함 함수가 절단 · 유실된 사건이라든지 지난해 '도모즈루'가 전복된 사건에 대해 정보 수집이 부족했던 것도 원인으로 볼 수 있습니다. 이 사건의 정보가 일본 해군 측에서 군사 기밀로 취급한 것과는 별개로 말입니다.

2건의 미 해군의 해난 사고는 태평양전쟁 말기의 일로, 일본은 그 기회를 틈타 공격할 전력이 이미 고갈된 뒤였기에 전세 전반에 미치는 영향은 전무했습니다. 어디까지나 가정이지만, 태풍에 관해 흥미로운 에피소드가 남아 있습니다.

> 만약 그때 일본이 항복하지 않았더라면 1945년 11월에 일본 열도를 침공할 예정이었다. 작전 실시 도중 태풍이 그 해역을 덮쳤더라면 침공 함대에 동원된 군수 물자와 함선에 막대한 피해를 입었으리라.
>
> 『TIDE OF WAR』David R. Petriello, Skyhorse Publishing, 2018

말레이 작전

우선 말레이반도 동쪽 기슭에 기습 상륙

자료1 서태평양 전도(1941년 당시)

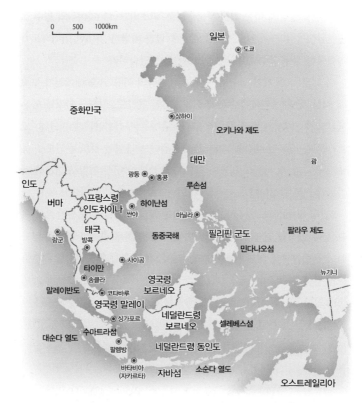

※ 1941년 전쟁 당시 필리핀은 미국령, 라오스 · 베트남 · 캄보디아는 프랑스령, 말레이시아는 영국령, 인도네시아는 네덜란드령이었다.

말레이 작전은 태평양전쟁 개전 벽두에 일본 육군이 해군의 진주만 공격과 함께 아주 중요한 작전으로 여기고 반드시 이길 각오로 임한 작전입니다.

남방 작전의 목적은 우선 필리핀의 마닐라와 말레이반도의 싱가포르를 공략하고 최종적으로 네덜란드령 동인도(인도네시아)를 공략해 **석유를 확보하는 것**이었습니다.

미국과 영국은 각각 마닐라와 싱가포르를 극동의 정치상·전략상 근거지로 보고 있었습니다. 네덜란드령 동인도의 석유를 무력으로 확보하려면 진로를 막고 있는 마닐라와 싱가포르를 공략할 수밖에 없습니다. 그래서 **남방 작전의 초반전에서 싱가포르 요새가 목표가 되었**습니다.

태평양전쟁의 개전은 전략적 선제 효과를 최대한 발휘하기 위해 1941년 12월 초로 결정되었습니다. 그 중요한 이유로 기상 조건을 꼽을 수 있습니다.

---

① 소련이 일본에 공격을 가한다는 최악의 사태를 고려하여 남북 정면에서 동시에 작전이 일어나는 사태를 피하기 위해 북방 작전에는 적합하지 않은 시기인 겨울 동안 남방 공략 작전을 끝내는 것이 바람직하다.

② 진주만을 공격하기 위해 일본 함대가 대권항로를 선택할 경우 해양 상황은 1월 이후 현저히 불리해진다.

③ 상륙작전을 실시하는 데 있어 말레이 근해의 풍랑 상황은 계절적으로 1월, 2월에 불리하다.

④ 개전 첫날은 순조로운 항공 작전과 상륙작전을 위해 하현달을 이용할 수 있는 날(정확히 말해 자정 무렵에 달이 뜨는 날)을 선정하는 것이 유리하다.

『大東亞戰爭全史』, 服部卓四郞, 原書房, 1996

말레이반도는 대부분의 기간 태풍에 영향을 받지 않지만 **11월부터 이듬해 3월까지는 북동 무역풍(북동 계절풍) 기간**으로 북동풍이 강하게 불

며 비가 수반된다는 특성이 있습니다.

그래서 말레이반도 동쪽 기슭의 날씨는 궂을 때가 많은데, 일반적으로 북동 무역풍 기간은 북부일수록 빨리 도래하는 모양입니다. 북동 무역풍이 불기 시작하면 연안에 높은 파도(파고 1.5에서 2m)가 밀려와 상륙작전이 무척 고되고 함선의 해상 보급도 힘들다고 보는 것이 상식입니다.

하지만 상식을 깨고 북동 무역풍 기간에 접어든 뒤 상륙작전을 결행해 많은 어려움을 겪습니다. 그러나 **결과적으로 영국군의 의표를 찔러 기습 효과를 거뒀**습니다.

■ 기상예보를 담당한 제25야전 기상대

원래 일본 육군의 주요 관심은 소련전이나 중화민국전에 쏠려 있어 중위도 이북의 기상 데이터는 충분히 축적되어 있습니다. 하지만 남방 작전에 관한 데이터는 거의 없는 실정이었습니다.

1941년 7월 28일, 새로 편성된 제25군(근위 제1사단, 독립 혼성 제21여단)이 남부 프랑스령 인도차이나에 주둔했습니다. 말레이 작전의 기상을 담당한 부대는 제25군 지휘하에 편성된 **제25야전 기상대**였습니다. **자료2**는 사이공에 진출한 제25야전 기상대가 작성한 기상예보입니다.

자료2 상륙 가능한 날을 선정하기 위한 기상예보(제25야전 기상대)

말레이 동쪽 기슭 북부	4일, 5일	북동풍 7m, 흐리고 오후에 소나기, 비행 곤란
	6일, 7일	북동풍 5m, 흐리고 때때로 맑음, 비행 적합
	8일	북동풍 10m, 흐리고 오후에 소나기, 오후 비행 부적합
	9일, 10일	북동풍 거세지고 비, 비행 부적합
말레이 동쪽 기슭 해상	2~5일	북동풍 12m, 흐리고 때때로 비, 파도 다소 높고 비행 부적합
	6일, 7일	북동풍 6m 내외, 맑고 곳곳에 구름, 파도 잔잔, 비행 적합
	8일	북동풍 10m, 오전 흐림, 오후 곳곳에 소나기, 비행 곤란
태풍은 12월 10일경까지 말레이반도에 상륙할 기미 없음		

출처: 『陸軍気象史』, 中川 勇, 陸軍気象史刊行会, 1986

1941년 12월 4일 오전 7시 30분, 네 개의 사단(제5, 제18, 제56사단, 근위 제1사단)을 중심으로 하는 제25군의 선견부대先遣部隊 약 2만 명은 하이난섬의 싼야항에서 출항해 선단을 이룬 채 곧장 말레이반도로 향했습니다.

18척의 선단(수송선 17척, 병원선 1척)은 해군 제3수뢰 전대를 주축으로 하는 제1호위대로부터 직접 호위와 안내를 받아 2,000km의 거리를 나흘간 엄중히 경계하며 항해했습니다. 제7전대의 중심 부대가 영국 해군의 해상 병력을 경계하고, 남부 프랑스령 인도차이나의 제12비행단(전투기부대)이 선단 상공을 방어했습니다.

송클라에 상륙하는 우익대 선단(제5사단의 주력)은 제1분대와 제2분대로 하고, 빠따니에 상륙하는 좌익대 선단(제5사단의 일부)은 제3분대, 코타바루에 상륙하는 다쿠미 지대의 선단은 제4분대로 하며 함선 거리 500m, 분대 간격 1,000m를 유지한 채 항해했습니다. 야마시타 군사령관은 제1분대의 '류죠'에 승선하고 마쓰이시 제5사단장은 제1분대의 '가시이', 다쿠미 지대장은 제4분대의 '아와지산마루'에 승선한 상태였습니다.

선단은 항해 도중 12월 4일에 다음과 같은 종합기상판단을 수신했다.

1. 당분간 태풍은 발생하지 않을 것이다. 이례적인 해이다.

2. 8일 날씨는 쾌청, 9일 오후부터 다소 흐려져 10일 · 11일 기상 악화(풍속 15~20m/s), 12일경 회복될 전망.

『マレー作戦』, 陸戰史研究普及会, 原書房, 1966

선단은 항해 도중 영국군에 방해받지 않고 순풍을 타며 예정보다 빠른 7일 오전 10시 40분 시암만의 분진점G(동경 102°20′, 북위 9°25′)에 도착했습니다. 이후 상륙 부대별로 선단을 나누어 8일 오전 3시, 상륙을 위해 각각의 상륙지(송클라, 빠따니, 코타바루)로 향했습니다.

오자와 지사부로(小澤治三郎) 사령장관의 남견 함대 주력은 싱가포르 방면에서 영국 함대(전함 '프린스 오브 웨일스' 등)가 출격할 수도 있으니 G점에서 코타바루 연안 남쪽으로 직진했습니다.

자료3은 상륙 지점의 약도로, 송클라와 빠따니는 태국 영토입니다. 일본군은 평화롭게 주둔하고자 했으나 태국과 일본 양국 사이에 일본군 통과 협정이 체결된 시점은 상륙 몇 시간 뒤인 8일 정오경, 소식이 태국군 최전선 부대에게 전달된 시점은 오후 2시가 지나서였습니다.

자료3 제25군 상륙 지점

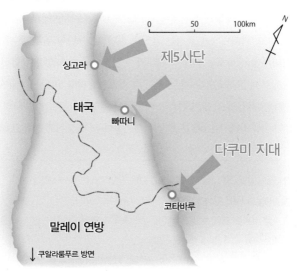

송클라 상륙 시 태국군이 저항했고, 결국 일본군은 무력으로 태국군을 무장 해제시킬 수밖에 없었습니다. 일본이 송클라, 빠따니에를 정면으로 상륙하는 일은 태국이 보기에 주권을 침범하는 행위인 한편, 영국군 입장에서는 **중전력을 보유한 사단이 등 뒤에서 유유히 출현한** 격이 됩니다.

■ 어째서 코타바루를 공략해야만 했는가?

이것은 전술의 기초인데, 공격 기동에는 우회, 포위, 돌파라는 세 가지 방식이 있습니다. **말레이반도 동해안에 상륙한 것은 공격 기동 중 우회에 해당**합니다. 말하자면 다쿠미 지대가 코타바루 부근에 영국군을 억류하고, 송클라와 빠따니에 상륙한 제5사단이 말레이반도 서해안을 따라 쿠알라룸푸르 쪽으로 돌진하면 코타바루의 영국 군부대는 퇴로가 차단되어 필연적으로 코타바루를 포기할 수밖에 없습니다.

다만 여기에는 조건이 있습니다. 제5사단(히로시마)의 돌진을 위해서는 항공기 지원이 꼭 필요합니다. 남부 프랑스령 인도차이나에 전개된 육군 항공 부대는 거리상 항공기를 지원하는 능력이 부족했습니다. 따라서 반드시 정식 항공 기지인 코타바루 비행장을 조기에 확보하여 남부 프랑스령 인도차이나의 항공 부대를 신속히 진출시켜야 했습니다.

다쿠미 지대를 군이 견고한 요충지인 코타바루에 투입한 이유는 **코타바루 상륙의 최대 목적이 코타바루 비행장을 조기 확보하는 것**이기 때문입니다. 게다가 코타바루 비행장에 항공 부대가 진출해도 **정확한 기상 데이터**가 없으면 지상부대에 시의적절한 근접 항공을 지원할 수 없습니다. 기상 부대의 진출 역시 시급한 일이기에 제1차 상륙부대와 함께 상륙했습니다.

■ 코타바루 격전

국경 요충지인 코타바루는 영국령 말레이의 북쪽 관문이자 영국 공군의 본거지로, 싱가포르와 마찬가지로 견고한 방비를 갖추고 있었습니다. 이 코타바루에 상륙할 예정이었던 다쿠미 지대는 당연히 하늘에서나 땅에서나 영국군의 거센 저항을 받습니다.

> 각 소형정이 높은 파도의 험난함과 싸우며 차례로 선미에 집합하자 각 선에서
> 소형정군을 편성했고, 오전 1시경 제1차 상륙부대의 출발 준비가 끝났다. 지대
> 장의 출격 명령이 떨어지자 각 선은 출격 표지를 돛대에 내걸었고, 그것을 신호
> 로 소형정군은 일제히 출격했다. 그때가 바로 오전 1시 35분이었다.
>
> 『マレー作戦』 ― 陸戦史研究普及会, 原書房, 1966

소형정을 이끈 군이 해안에서 400~500m 지점에 이르렀을 무렵 기슭
에서 일제히 기관총과 화포 사격이 빗발쳤습니다. 기슭에 접근할수록 영
국군의 포화는 점점 거세졌습니다. 더욱이 조류와 풍속이 예상을 웃돈 데
다가 목표를 눈으로 볼 수 없어 각 소형정은 상륙 지점에서 0.5~1.5km
서쪽으로 떠내려갔습니다. 조류, 부서지는 파도 그리고 영국군이 퍼붓는
탄알로 인해 소형정끼리 마구 뒤얽혔으나 제1차 상륙부대는 오전 2시 15
분, 그 태세 그대로 상륙을 감행했습니다.

> 오전 3시 30분경부터 적기 3대와 4대가 잇따라 습격해 와서 과감한 응전으로
> 그 7대를 격추했으나 아와지산마루는 직격탄을 여러 발 맞아 오전 5시 30분 불
> 길에 휩싸였고, 아야토산마루와 사쿠라마루도 피해를 입었다. 다쿠미 지대장은
> 2차 상륙이 끝난 뒤 작전을 중단했다가 8일 밤 재개하기로 결정했으며, 제1호위
> 대 지휘관은 아야토산마루와 사쿠라마루를 이끌고 빠따니 방면으로 퇴각했다.
> 일몰 후 되돌아온 그들은 9일 여명 때부터 작전을 재개하여 9일 저녁까지 상륙
> 을 완료했다.
>
> 『大東亜戦争全史』 ― 服部卓四郎, 原書房, 1996

다쿠미 지대는 상륙 시의 격전으로 막대한 사상자를 냈으나 굴하지 않
고 계속 공격해 8일 24시에 코타바루 비행장을 점령했습니다. 다쿠미 지
대는 부대를 장악하고 9일 오전 6시 30분, 서쪽으로 4.5km 떨어진 코타

바루시를 향해 진격, 11시 30분에는 코타바루시를 점령하고 같은 날 오후 2시에는 대오를 갖춰 입성했습니다.

다쿠미 지대는 제18사단(구루메) 보병 제56연대를 중심으로 한 다쿠미 소장 휘하의 소규모 부대였습니다. 제25군의 작전 기록에 따르면 작전 참가 인원 5천3백18(2,883)명 중 전사자 3백20(179)명, 부상자 5백38(314)명, 사상자 총 8백58(493)명으로 약 15%(13%)가 희생되었습니다(괄호 안은 보병 제56연대의 인원). 전투 경과는 **자료4**를 참고 바랍니다.

상륙부대가 가장 우려했던 영국 함대(전함 2척, 순양함 2척, 구축함 4척)의 방해는 없었습니다. 영국 함대는 일본군이 송클라, 코타바루에 상륙한 사실을 알고 8일 저녁 싱가포르의 셀레터 군항에서 출격했습니다.

남부 프랑스령 인도차이나에 전개된 일본 해군 및 제1항공 부대는 9일 오후 5시 반경 초계하던 잠수함(이65호)으로부터 영국 전함을 발견했다는 보고를 받아 10일 오전 7시 30분 모든 항공기를 이끌고 출격했고. 14시에 전함 리펄스를, 14시 50분에 전함 프린스 오브 웨일스를 항공기로 격침시켜 역사적인 전과戰果를 거뒀습니다.

말레이반도에서 제25군의 지상 전투에 협력한 부대는 육군 제3비행집단(제3비행단, 제7비행단, 제12비행단)입니다. 제3비행집단은 경폭격기, 제7비행단은 중폭격기, 제12비행단은 전투기를 주체로 하는 부대입니다.

제3비행집단은 남부 프랑스령 인도차이나에 전개되어 있었으나 제25군이 상륙에 성공함에 따라 말레이반도로 진출했습니다. 당연히 기상 부대도 진출했습니다(**자료5**).

야전 기상 제1대대(기상 제1중대, 기상 제2중대)는 1940년 11월 15일 제3비행집단의 지휘 아래에 들어가 17일에 제25야전 기상대를 아우르면서 집단 기상대로 불리게 되었습니다.

기상 제1중대는 다음의 부서를 이끌고 상륙했습니다.

자료4 코타바루 상륙작전 및 비행장 점령도

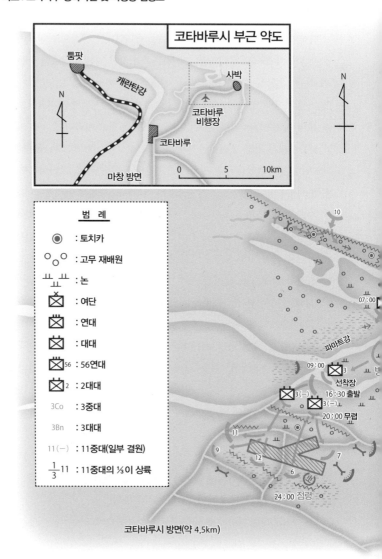

코타바루시 부근 약도

툼팟
캐란탄강
사박
코타바루 비행장
코타바루
마창 방면

0　5　10km

범 례

◎ : 토치카

○○○ : 고무 재배원

⊥⊥ : 논

⊠ : 여단

⊠ : 연대

⊠ : 대대

⊠₅₆ : 56연대

⊠₂ : 2대대

3Co : 3중대

3Bn : 3대대

11(-) : 11중대(일부 결원)

$\frac{1}{3}$11 : 11중대의 ⅓이 상륙

코타바루시 방면(약 4.5km)

호위 함대

사쿠라마루

2Bn

아야토산마루

10Co

12Co

11(一)

아와지산마루

3Co

12

3Bn

5Co

56

9

1Bn

1

조류

5

2

09:00

사박

0   0.5   1km

출처: 『マレー作戦』, 陸戦史研究普及会, 原書房, 1966

- 코타바루 상륙 – 가네야마 제4측후반

- 송클라 상륙 – 중대 주력(제1고층반, 3개 측후반)

- 나콘 상륙 – 도가야치 제2고층반

- 반둥 상륙 – 구노 제3측후반

그 후 제1대대 본부와 기상 제2중대의 일부가 말레이반도로 진출했는데 그 전반적인 배치를 나타낸 것이 **자료5**입니다.

자료5 기상대 전개 약도(1942년 1월 18일)

출처: 『陸軍気象史』, 中川 勇, 陸軍気象史刊行会, 1986

■ 비장의 기상 자료를 무사히 입수

1942년 2월 15일 싱가포르가 함락되었는데 그와 관련해 흥미로운 기상 에피소드가 있습니다.

야전 기상 제1대대장 무토 소령은 **싱가포르 수도기상국이 보유한 비장의 자료에 예전부터 눈독을 들이고** 있었습니다. 그러던 어느날 그는 비행집단으로부터 차기 작전의 하나로 호주, 벵골만 일대에 대비하라는 명령을 받았습니다. 하지만 기상대대에는 그 일대의 기상 자료가 전무한 터라 수도기상국의 자료가 절실히 필요했습니다.

2월 15일 싱가포르의 함락을 알게 된 무토 대대장은 예전부터 벼르던 계획에 따라 병사 세 명을 데리고 조호르바루를 건너 싱가포르 시내에 도착한 뒤 플라톤 빌딩 안의 수도기상국으로 향했습니다. 지금은 대영제국 시대를 방불케하는 화려한 호텔이 되었지만 당시 플라톤 빌딩은 야전병원이었습니다. 무토 소령은 영국군 부상병 속에서 영국군 장교의 안내에 따라 엘리베이터를 타고 대망의 수도기상국에 도착했고 **무사히 자료를 입수**했습니다.

싱가포르 구시가지의 북부지구에는 **포트 캐닝**Fort Canning이라 불리는 구 영국군 주둔지가 있는데 그곳 지하 참호는 영국군 사령부였습니다. 현재 공원으로서 일반에 공개 중으로, 사령부 지하 참호(**battle box**)를 당시 모습 그대로 보존하고 밀랍 인형 등을 놓아 견학할 수 있도록 했습니다.

영국 군사령관 퍼시벌 중장은 이 참호를 나와 부킷 티마 고지에서 야마시타 군사령관과의 회담에 임했습니다.

키스카 탈출 작전

해무 발생이 작전 성공의 열쇠였다

알류샨 열도의 키스카섬에 고립된 일본군의 탈출 작전은 **둘리틀 공습**이 발단이 되었습니다. 1942년 4월 18일, 일본 본토에서 동쪽으로 500해리海里(900km) 떨어진 해상에서 둘리틀 중령이 지휘하는 16대의 B-25 폭격기가 항공모함 '호네트'에서 출격해 도쿄, 요코스카, 요코하마, 나고야, 고베 등을 공습한 뒤 중국 대륙으로 날아갔습니다. 그중에 15대가 중국에 불시착했으며 1대가 블라디보스토크 북쪽에 착륙했습니다.

항공모함 '호네트'와 개조된 B-25 폭격기   출처: Naval History and Heritage Command

진주만 공습, 말레이반도 상륙의 여세를 몰아 제1단계 작전을 성공리에 마친 일본군에게 그 시기는 그야말로 절정기였습니다. 공습으로 입은 피해는 크지 않았으나 본토 동쪽 해상의 초계선哨戒線이 뚫려 연합 함대 사령장관인 야마모토 이소로쿠 대장의 신경을 강하게 자극한 것은 틀림없었습니다.

자료1 미드웨이 작전과 알류샨 작전의 경과도

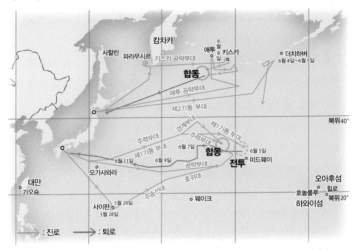

출처: 『太平洋海戦史』, 高木惣吉, 岩波書店, 1959

둘리틀 공습을 발단으로 야마모토 사령장관의 강력한 주도하에 **미드웨이(MI) 작전과 알류샨(AL) 작전이 동시에 이루어지게 되었**습니다.

미드웨이 작전은 미 기동부대를 유인해 결전을 치르는 것을 목적으로 하는 전술적으로 납득할 수 있는 작전이지만, 알류샨 작전은 전술적으로 의미가 없는 무모한 작전으로 보입니다. 애투섬과 키스카섬에 배치한 지상부대는 단지 유병에 지나지 않아 '고립무원의 애투섬 수비부대를 희생시켰을 뿐이다'라고 해도 과언이 아닙니다.

■ '키스카섬 수비대를 구출하라'

미드웨이(MI) 작전과 알류샨(AL) 작전에는 홋카이도 제7사단(아사히

카와)에서 편성된 이치키 지대와 훗카이 지대가 참가했습니다.

이치키 지대는 보병 제28연대장 · 이치키 기요나오一木淸直 대령이 지휘하는 보병 1개 대대와 공병 1개 중대, 보급병 제7연대에서 배속된 약 3백20명의 보급반 · 탄약반 등 총 2천여 명으로 구성된 부대입니다. 미드웨이섬 공략이 임무였는데, 미드웨이 작전 실패 후 느닷없는 과달카날섬 탈환에 투입되어 대부분이 전사했습니다.

훗카이 지대는 독립보병 제301대대의 832명에 독립공병 제301중대의 1백80명을 더해 총 1천12명으로 구성된 부대입니다. 각각 보병 제26연대와 공병 제7연대 요원으로, 1942년 5월 2일에 편성되었습니다.

1942년 6월 5일 훗카이 지대는 애투섬 서부의 홀츠 만에 무혈 상륙했고, 6월 7일 제21전대(기소 · 다마)와 마이즈루 특별 육전대는 키스카섬에 기습 상륙했습니다. 이후 훗카이 지대는 대본영 직할이 되어 9월에 애투섬을 포기하고 키스카섬으로 이주합니다.

키스카섬과 애투섬의 수비부대 편성은 그 후 수차례 변화를 거쳐 1943년 5월 미군이 애투섬에 상륙했을 때는 **훗카이 수비대**(사령관 · 미네키 도이치로 육군 소장)가 두 섬을 점령한 상태였습니다. 인원은 키스카 지구대의 5천2백명에 애투 지구대의 2천5백명(야마자키 야스요 대령)을 합쳐 총 7천7백명이었습니다. 애투 지구대는 취임 후 한 달이 채 안 된 야마자키 대령의 지휘하에 일치단결의 마음으로 싸웠는데, **미군 상륙(1943년 5월 12일) 18일째(5월 29일) 되던 날 야마자키 대령은 남은 병사와 함께 돌격해 순직**했습니다.

(대본영의) 병사 한 명도, 함선 한 척도, 전투기 한 대도 애투섬에 보낼 수 없었다. 할 수 있는 일이라곤 그저 '격려'와 '건투'를 비는 전보를 보내는 것뿐이었다.

『旭川第七師団』, 示村貞夫, 総北海出版部, 1984

애투섬의 희생 이후 키스카섬은 바다뿐만 아니라 하늘까지 미군의 포위 하에 놓여 고립무원이 되었습니다. 대본영은 키스카섬의 보급이 어려움을 인정하며 키스카섬을 포기하기로 결단했습니다. 동시에 북방 작전용 제5함대(5F)에 수비대를 구출하라는 명령을 내렸습니다.

제5함대는 처음에는 잠수함으로 구출하려고 했으나 각 함의 구출 인원이 적고 잠수함의 손실도 계속되어 과달카날섬의 잔병 탈출 작전 때처럼 **결국에는 함정으로 단번에 구출하기로 결론을 지었**습니다.

■ 파라무시르를 기점으로 하는 '플러스 2 이론'이란?

키스카섬 탈출 작전을 명받은 부대가 **제1수뢰전대**입니다. 경순양함 2척('아부쿠마' '기소'), 제9, 10, 11구축대의 구축함 10척으로 구성되어 있었습니다.

탈출 작전의 성패는 해무의 이용 여부에 달려 있었습니다. **해무가 발생함과 동시에 정박지인 호로무시로를 출항하여 안개 속에서 키스카섬에 접근한 뒤 5천2백명의 수비병을 단숨에 수용한다**는 대담하면서도 지극히 자연에 의존하는 계획입니다. 그리하여 제5함대의 기상장 다케나가

■ 제1수뢰전대 기함인 경순양함 '아부쿠마'

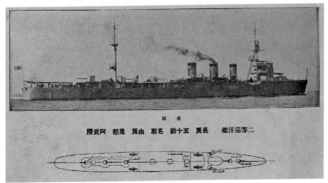

出典: 『軍艦写真帳』, 海軍協会, 海軍協会, 1930

가즈오竹永一雄 소위의 해무 예보에 모든 것이 달리게 되었습니다.

■ 제5함대 기함인 중순양함 '나치'. 다케나가 소위는 나치함의 기상장으로서 함대의
기상 업무를 맡았다.

黑羽 柄足 智都 高妙 艦洋巡等一

출처: 「軍艦写真帳」, 海軍協会, 海軍協会, 1930

다케나가 소위는 제1기 해군병과 예비학생(1942년 1월에 4백명 발탁) 신분의 예비사관으로 기상반에 배속된 14명 중 1명이자, 중앙 기상대 소속 기상기술관 양성소(기상대학교) 출신이었습니다. **1943년 2월 제5함대에 기상장으로 취임해 키스카 탈출 작전의 기상 업무를 맡았습니다.**

참고로 14명 중 13명이 양성소 출신이고 1명이 규슈대학교 지구물리학과 출신이었습니다. 당시 대함대 기상장에 예비학생 출신 신임 소위를 배치해야 했을 만큼 기상사관 수급이 절박했습니다.

다케나가 대위는 패전 후 기상청에 들어갔고 훗날 주임 예보관으로, 그리고 NHK 『TV 기상대』에서는 기상 해설자로 활약했습니다. 해군 기상부 직원들의 조직된 친목 단체 '아오조라회'가 발행한 『기록 문집, 아오조라』 3권에 '**키스카섬 탈출 작전과 기상 판단**'이라는 회상록이 실려 있는데 이 책은 키스카 탈출 작전의 기상에 관한 기본 문헌으로 자리 잡았습니다.

자료2 알류샨 열도 중앙부에서의 해무 예보 법칙

① 쿠릴섬에 짙은 안개가 끼면 이틀 후 키스카가 안개에 덮인다. 확률은 90% 이상이다.
② 안개는 저기압의 접근에 의해 발생하고 통과에 의해 걷힌다.
③ 안개가 발생할 때 풍속은 초당 5~7m일 때가 가장 많고 그보다 약할 때는 적다.
④ 기온보다 해수온이 2℃ 이상 높으면 안개가 발생하기 쉽다.
⑤ 키스카의 안개철은 6월 하순부터 7월 초순까지로, 7월 하순이 되면 갑자기 안개가 적어진다.

출처: 「「検証」戦争と気象」, 半澤正男, 銀河出版, 1993

다케나가 기상장이 키스카 탈출 작전에서 남긴 가장 큰 업적은 '**플러스 2 이론**'이라고 불리는, **알류샨 해무에 관한 예보 법칙**을 정리한 것입니다. 1943년 4월 다케나가 소위는 느닷없이 도쿄로 출장을 다녀오라는 명을 받습니다. 목적은 '쿠릴섬에서 서부 알류샨까지의 관련 자료를 철저히 조사'하는 것이었습니다.

그는 중앙 기상대와 해군 기상부뿐만 아니라 육군 기상부에도 들러 과거 10간의 5~7월 기상도를 모두 대여해 밤낮으로 복사본을 만들어 가며 방대한 자료를 만들어냈습니다.

조사를 통해 북방 기상의 특성, 특히 안개가 발행하는 패턴을 파악할 수 있었습니다. 그 결과 다케나가 소위가 정립한 것이 **파라무시르를 기점으로 한 '플러스 2 이론'**입니다. 말하자면 **키스카, 애투 방면의 날씨는 파라무시르와 이틀 차이가 나서, 이틀 후에는 반드시 파라무시르와 같은 상황에 놓인다는 법칙**입니다(**자료2**).

■ **제1차 탈출 작전**

1943년 7월 7일 제5함대 기상반은 '**10일 저녁부터 안개가 짙어져 11일은 안개가 끼거나 안개비가 내리고, 12일은 안개가 적어질 것이다**'라는 안개 예보를 내렸습니다.

예보를 바탕으로 키스카섬의 장병을 구출하기 위해 제1수뢰전대(1수전)는 같은 날 오후 7시 30분 파라무시르를 출항해 10일 오후 7시경 Z점(**자료4**) 부근에 도착했습니다.

키스카섬으로의 돌입은 11일로 예정되어 있었으나 우세한 고기압이 세력을 확장해 안개가 옅어지면서 제5함대의 예보가 빗나갔습니다. 구출부대인 1수전은 키스카섬에 접근했다가 멀어지기를 반복하며 상황이 호전되기를 기다렸습니다. 하지만 키스카섬 부근이 해무에 휩싸일 기미는 보이지 않았습니다. 15일, 1수전 사령관·기무라 소장은 다음과 같이 통지하며 파라무시르에 귀환하기로 결정했습니다.

돌입 항로 및 나루카미섬(키스카섬) 부근의 날씨 점점 호전. 작전에 이용해야 할 해무는 발생 조짐 없음. 지금부터 방향을 틀어 파라무시르로 귀환, 재기를 꾀한다.

기무라 사령관은 '돌아가는 겁니까?'라는 부하의 물음에 '**돌아가도 다시 올 수 있다**'라고 대답했다고 합니다.

안개가 끼지 않은 원인은 고기압이 북쪽으로 치우쳐 북상하는 저기압을 막았기 때문이었습니다. 10년에 한 번 있는 특수한 기상 조건이었습니다. 그해 일본 내륙도 마른장마가 지나가고 있었습니다.

안개가 끼지 않는 것은 자연현상임에도 불구하고 기상장인 다케나가 소위에게 쏟아진 비난은 거셌습니다. 다케나가 기상장은 제2차 탈출 작전까지 인고의 시간을 보냈습니다.

■ 제2차 탈출 작전

7월 27일 오호츠크해에 752mmHg(수은주 밀리미터[17]. 약 1002헥토파

---

17 압력의 실용단위

스칼)의 저기압이 나타나 시속 45km로 동진하기 시작했습니다. 이날 파라무시르는 종일 짙은 안개에 휩싸여 있었고, 22일 파라무시르를 출항한 구출 부대는 Z점 부근에서 키스카섬에 돌입할 기회를 엿보고 있었습니다.

다케나가 기상장은 파라무시르에 정박 중인 '나치'함 안에서 이틀 후 키스카섬에 안개가 깔릴 것을 확신했습니다. 그리고 '**29일, 바람, 남서 5~6m, 운고 200m, 옅은 안개, 가시거리 4km, 비행 다소 적합, 30일도 거의 같으나 안개 많을 듯**'이라는 예보를 내렸습니다.

자료3 7월 27일 쿠릴-알류샨 방면 기상도

출처 : 『[検証]戦争と気象』, 半澤正男, 銀河出版, 1993

※ 오호츠크해 중앙부와 북쿠릴에 저기압이 나타났다. 27일에 나타난 이 북쿠릴 저기압은 이틀 후인 29일 키스카 부근까지 나아갔다. 기압 단위는 전쟁 전 쓰인 mmHg(수은주 밀리미터). 1mmHg≒1.333hpa(헥토파스칼).

키스카섬으로 돌입하기로 한 당일, '플러스 2 이론'대로 키스카섬은 짙은 안개에 휩싸였습니다. 동행하던 제5함대 사령장관 가와세 시로 중장은 29일 오전 1시 15분 작전 결행을 지시했고, 1수전 사령관 · 기무라 소장은 오전 6시 25분 키스카섬으로의 돌입 명령을 내렸습니다.

자료4 제1수뢰전대 행동도

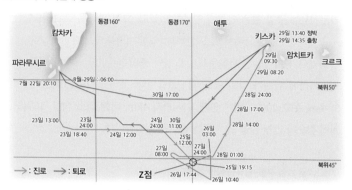

출처: 『【検証】戦争と気象』, 半澤正男, 銀河出版, 1993
※『記録文集 あおぞら』第3集に記載.

29일 키스카섬의 해군 제51근거지대로부터 '키스카, 풍향·풍력 미상, 안개, 기압 754.2mmHg, 기온, 섭씨 11도, 운량·운고 미상, 가시거리 1'이라는 통신이 발신되었습니다. 가시거리 1이면 함교에서 함수가 보이지 않을 만큼의 안개 농도로, 시야는 50m 이하로 제한됩니다. 구출 작전을 수행하기에는 최고의 조건이었습니다.

키스카 연안에서 나루미만(키스카만)으로 향한 돌입 함대는 마침내 1340(오후 1시 40분)에 만 안으로 진입했습니다. 일 분이 삼 년인 양 애태우다가 짙은 안개 속에 나타난 군함 '아부쿠마'와 '기소'의 모습을 확인한 수비대는 '제1차대, 승선 서둘러라'라는 호령에 따라 지체없이 '대형 동력선'으로 옮겨 타 연안에 임시 정박 중이던 각 선을 향하여 전속력으로 달렸습니다. 줄사다리를 타고 선에 오른 수비대 장병과 각 함 승조원 사이에 감격적인 장면이 빚어졌음은 말할 필요도 없습니다.

『【検証】戦争と気象』, 半澤正男, 銀河出版, 1993

> 1420(오후2시 20분), 일찌감치 '출항 준비' 나팔이 울렸습니다. 그리고 **정박 후 불과 55분 만에 육해군 장병 전원인 5183명(군무원 포함)의 구출을 마쳤습니다.** '기소' '히비키', 제9구축대는 1425(오후 2시 25분)에, '아부쿠마'와 제10구축대는 1435(오후 2시 35분)에 각각 닻을 올리고 서둘러 나루미만을 출항했습니다. 미군에 전혀 들키지 않고 구출에 성공한 뒤 함대는 전속력으로 파라무시르 뱃길로 향했고, 7월 30일 모든 군함이 무사히 뱃길에 올랐습니다.
>
> 『【検証】戦争と気象』, 半澤正男, 銀河出版, 1993

키스카섬 수비대 장병 구출은 완벽했던 작전으로 다케나가 소위의 '플러스 2 이론'에 입각한 예보의 산물입니다. 오늘날에는 지구 전체의 기상 데이터를 순식간에 입수할 수 있지만 **당시 북방 해역은 관측 수단도, 전달 수단도 거의 없었습니다.**

제5함대 사령부라고 해도 기상반에는 기상장(다케나가 소위)과 몇 명의 하사관만 있을 뿐 독자적인 기상 관측 수단은 없었습니다. 그렇다면 구체적인 기상 데이터는 어디에서 입수했을까요?

해군 특설 기상 부대로서 전쟁 중에 편성되어 파라무시르, 슘슈섬 등에 거점을 두고 있었던 **제5기상대**(사할린, 쿠릴섬의 기상을 관측) 관측소와, 마찬가지로 파라무시르에 있었던 **육군 제110야전 기상대**(쓰가루해협 이북의 기상을 관측)의 기상 소대가 출처입니다. 또한 그 부대들로부터 얻은 기상 데이터에 더해 **소련의 기상 암호 전보를 해독한 내용도 귀중한 자료원**이었습니다.

키스카 탈출 작전은 기상을 이용한 희대의 작전으로 기상전 역사에서 특필할 만한 성공 사례입니다. 하지만 그건 그렇다 쳐도 '알류샨 작전에는 대체 어떤 의의가 있었나?' 하고 다시금 생각하게 됩니다.

삼각파도

한계를 뛰어넘는 파도, 뛰어넘지 못한 배

명확한 정의는 없지만, 일본에서는 예부터 태풍의 속 같은 혼잡한 해역에서 **방향이 다르게 발발한 파도끼리 충돌하면서 생기는 위험한 파도**로 주목을 받았습니다. 기상, 해상, 지형 등 악조건이 겹쳐 파도의 에너지가 한 점에 집중되면 갑자기 끝이 날카롭고 높은 이상 파도가 발생합니다.

일본 해군 제4함대와 미 해군 제3함대는 거대한 태풍과 정면으로 충돌함으로써 20m가 넘는 이상 파도와 조우해 구축함, 중순양함의 함수가 절단·유실되었습니다. 20m면 빌딩 6~7층에 맞먹는 높이입니다. 이 파도로 함수가 돌진하면 함수부 전체의 부력이 매우 커져 함수가 위쪽으로 휩니다. 그러면 함수부의 '함교와 포탑 사이 부분'이 꺾여(buckling) 강도를 잃습니다. 여기에 파도의 중량(전단 하중)이 수직으로 가해지면서 삽시간에 선체가 절단된 것입니다.

특형 구축함의 경우 파고와 파장의 비율이 1:20, 함 자체 길이의 20분의 1인 파도에 탔을 때의 강도를 상정(세계 공통의 설계 조건)하여 설계되었습니다. 그러나 현실의 삼각파도는 파고와 파장의 비율이 **1:10 정도였고 실제 파도 높이는 예상치의 2배에 달했습니다.**

■ **삼각파도가 생길 때의 바다 상황**

여러 방향의 파도가 집중

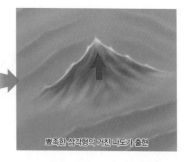

뾰족한 삼각형의 거친 파도가 출현

알류샨의 해무

남고북저의 기압 배치가 필수

쿠릴섬과 알류샨의 해무는 **이류안개**로, 따뜻한 남풍이 머금은 수증기가 북쪽 해면에서 냉각되어 발생합니다. 이류안개는 짙게 발달하기 쉽고 지속 시간이 길어 이류안개가 발생한 해역은 선박에 큰 장애를 초래합니다.

안개가 발생되려면 저기압이 베링해에 들어오면서 서알류샨의 기압이 남고북저로 배치되고, 태평양 남부의 고기압에서 남풍이 불어 들어와야 합니다.

말하자면 베링해에서 세력을 확장하는 저기압이 미리 **오호츠크해에서 포착되면 이 저기압은 동쪽으로 이동하므로 파라무시르에 언제 안개가 발생할지 예측할 수 있**습니다. 파라무시르에 안개가 끼면 이틀 후 키스카 방면에 안개가 낀다는 식으로 말입니다.

■ **해무 · 이류안개의 발생**

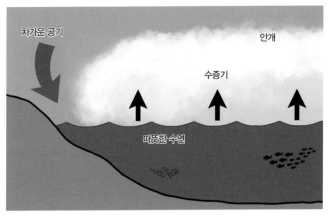

차가운 공기

안개

수증기

따뜻한 수면

출처: 해상보안청(海上保安庁)

슘슈섬의 해무 ①

최악의 상황에 발생한 격투전

슘슈섬은 남북으로 1,200km의 호(弧)를 이루는 쿠릴 열도 최북단에 위치합니다. 건너편 해안은 캄차카반도의 남단 로파트카곶으로 지형은 대체로 평탄하고 눈잣나무와 오리나무가 울창합니다. 크기는 동서 16km, 남북 30km 남짓으로 일본 비와호의 절반 정도입니다. 1945년 8월 15일 종전 이후 별안간 **소련군이 상륙·침공해 반격에 나선 일본군과의 사이에 전투**가 벌어졌습니다.

'적은 새벽 두 시부터 함포를 대동하고 다케다하마에 상륙 개시. 현재 격전 중이나 국적 불명'이라는 긴급 전보가 8월 18일 새벽, 사단 사령부에 날아들었습니다. 슘슈섬에 상륙한 것은 소련군 2개 저격 연대를 중심으로 한 제101저격사단이었습니다. 사단장은 심사숙고 끝에 자위전쟁에 나서기로 결심합니다. 슘슈섬 소재의 전차 제11연대에 '시레이산 진지를 호위하면서 상륙 지점의 적을 섬멸하라'라는 명령을 내렸습니다.

전투 경과는 생략하겠지만, 연대가 시레이산에서 다케다하마 쪽으로 돌입한 때는 오전 8시경이었습니다. 이때 연대장이 장악한 전차는 25대 내외. 이틀 전부터 무장을 해제하고 있었던 것이 족쇄가 되어 공격에 참가할 수 없는 전차가 여러 대 였습니다. 게다가 전쟁터 일대는 8시 전쯤부터 짙은 해무에 휩싸여 시야가 20m밖에 확보되지 않았기에 **전차와 보병이 지척에서 격투전**을 벌여야 했습니다.

소련군은 이미 제2제대(梯隊)의 상륙을 마치고 대전차총, 대전차포, 대전차 황린 수류탄 등의 대전차 화기를 육지로 내린 뒤였습니다. 전차는 이 대전차 화기들의 목표가 되어 여러 대가 격파되고 말았습니다. 전차 제11연대장을 포함한 96명이 전사하고 전차 21대가 부서져 꼼짝없이 불타올랐습니다. 상륙한 소련군의 손해 역시 막대하여 이후 **홋카이도 침공에 신중을 기하게 했다**는 평가를 받습니다.

제5장

기상이라는 이름의 '병기'

'테러리스트들은 전자파 원격 사용으로 기상을 변경하여 지진을 유발하고 화산을 분화시키는 방법으로 환경 테러에까지 손을 댔다'
— 미 국방장관 윌리엄 코헨의 '테러리즘, 대량살상무기
및 미합중국의 전략' 관련 회의에서
1997년 4월 28일, 조지아대학교

역발상

맥아더 장군의 확률 게임

작전에는 '바람직한 기상'과 '바람직하지 않은 기상'이 있습니다. 북한 군은 인천의 바람직하지 않은 기상을 지나치게 믿었고, 맥아더 장군은 인 천의 바람직하지 않은 기상을 역이용해 스스로 '5000대 1의 도박'이라고 생각했던 **인천 상륙작전에 성공**했습니다.

1960년 6월 25일 일요일 이른 아침, 삼팔선 전역에 걸친 일제 포격으로 북한군이 공격을 개시했습니다. 북한군은 사흘 만에 한국의 수도 서울을 함락시키고 급파된 미 지상부대를 오산에서 물리친 뒤 미 제24보병사단을 대전에서 격파, 7월 말부터 8월 초 무렵까지 시종일관 대구와 부산을 압박했습니다.

맥아더는 전쟁 5일째인 6월 29일, 한강 남쪽 언덕에서 서울을 바라보며 미 지상부대를 투입하기로 굳게 다짐했습니다. 그는 '우선 북한군의 남진을 저지한 다음 인천 부근에 상륙하여 보급선을 절단하고, 남북에서 힘을 합쳐 단번에 적을 무찌른다'라는 구상을 휘하 부대에 제시하고, 야마구치현에 주둔 중이던 제24보병사단을 미리 한반도에 보냄과 동시에 인천 상륙 준비에 착수했습니다.

워싱턴의 군 수뇌부는 '상륙작전에는 찬성이지만 상륙 지점으로 삼기에 인천은 너무 위험하다'라고 생각했고, 보급 참모본부 의장이 육군 참모장과 해군 작전부장을 도쿄로 파견함으로써 **맥아더를 설득하기 위한 도쿄회담**이 8월 23일에 열렸습니다.

자료1은 도쿄회담에서 해군 측이 펼친 주장을 요약한 것입니다. 인천 항은 '세계 2위'로 꼽힐 만큼 간만의 차가 심해서 해상·기상 조건을 감안하면 '상륙은 9월 15일 초저녁 2시간 반 동안만 가능하다'라는 주장으로 **해군은 넌지시 인천 상륙에 반대**했습니다.

자료1 도쿄회담에서 해군 측이 거론한 인천 상륙의 문제점

1	인천 근처에는 해변이 없어서 상륙용 보트를 댈 수 있는 지점이 인천항 안벽으로 한정된다.
2	인천항의 평균 간만의 차는 6m 90cm, 한사리(밀물이 가장 높을 때)에는 10m 이상이다. 간조 시 인천항으로 진입하려면 폭 1.8~2km, 길이 90km, 깊이 10~18m의 구불구불한 수로(비어수도)를 지나야 하는데, 야간에는 힘들고 초저녁에나 가능하다.
3	상륙은 한사리 날 저녁 무렵 만조 시간을 이용하여 직접 안벽에서 시도해야 하므로 9월15일, 10월 11일, 11월 2~3일 한사리 때로 한정된다. 10월 이후에는 현해탄, 황해에 거센 계절풍이 휘몰아치므로 **상륙일은 9월 15일이 적당**하다. 그날까지 앞으로 23일밖에 남지 않았다.
4	9월 15일의 만조 시간은 **오전 6시 59분과 오후 7시 19분**으로, 자재를 뭍으로 내릴 수 있는 때는 만조로부터 약 2시간이다.
5	인천항 입구에 해발 **105m의 월미도**가 있는데, 월미도를 제압 사격하는 데는 이틀이 소요되기에 결과적으로 기습은 전혀 기대할 수 없다.
6	**주 상륙은 초저녁에만 실시할 수 있어 자재 운반에 쓸 수 있는 시간은 2시간 반뿐**이다. 적의 야간 반격에 버티기 위한 병력과 자재를 뭍으로 옮기기 위해서는 특별한 방안을 강구해야 한다.
7	상륙은 무려 **5m가 넘는 인천항 안벽**에서 직접 시도해야 하므로 상륙부대는 인천 시내의 중심을 향해 공격할 수밖에 없다.
8	유일한 희망은 인천 부근에 배치된 적이 적다는 것이다. 현재 병력은 서울에 5천 명, 인천에 1천 명, 김포에 5백 명으로 추정된다. 월미도의 경우 병력은 다소 확인되지만 조직된 방어 시설은 보이지 않는다.

출처: 『朝鮮戦争 4 仁川上陸作戦』, 陸戦史研究普及会, 原書房, 1969

상식적으로 생각하면 인천은 상륙에 적합하지 않은 지역으로, 북한군이 '미군이 인천에 상륙할 리 없다'라고 판단하더라도 이상할 게 없습니다. 말하자면 인천은 북한군에 있어 '바람직한 기상·해상'이었던 셈입니다.

"여러분이 실행할 수 없다면서 꼽은 여러 가지 사항은 거꾸로 생각하면 그만큼 기습 효과가 높다는 뜻이기도 하다. 왜냐하면 적의 사령관은 우리가 설마 이런 무모한 작전을 벌일 거라고는 생각하지 못할 것이기 때문이다. 기습이야말로 전쟁에서 성공을 거두는 최고의 방법이다."

맥아더는 1759년 캐나다 퀘벡을 지켰던 몽칼름(Louis Joseph de Montcalm) 후작이 마을의 남쪽 절벽은 어떤 군대도 절대 오를 수 없다고 판단해 공격에 약한 북쪽 기슭으로 방어를 집중시켰으나, 캐나다를 공격했던 제임스 울프 장군은 작은 부대로 세인트 로렌스강을 거슬러 올라 남쪽 절벽을 타 넘어 퀘벡을 함락시킴으로써 영·프의 캐나다 전쟁에 마침표를 찍은 옛 일화를 예로 들었다.

"몽칼름처럼 북한은 인천 상륙을 불가능한 일로 여기고 있을 것이다. 나는 울프처럼 기습으로 인천을 손에 넣어 보이겠다."

"인천과 서울을 빼앗으면 적의 보급선이 끊겨 한반도의 남반부를 북으로부터 차단해 버릴 수 있다. 적의 약점은 보급에 있다. 남쪽으로 내려가면 내려갈수록 수송선이 길어지고 약해져서 그만큼 보급이 흐트러질 위험이 높아진다."

"인천 상륙은 실패하지 않는다. 반드시 성공한다. 그리고 10만 명의 생명을 구할 것이다."

『マッカーサーの二千日』袖井林二郎, 中央公論新社, 2015

그렇지만 맥아더는 '나도 인천이 5000대 1의 도박이라는 사실은 알고 있다. 그러나 나는 하겠다. 지금까지도 이런 도박은 해 왔으니까'라고 고집하면서 8월 30일 **UN군 사령관으로서 '인천 상륙에 관한 UN군 작전 명령'을 하달**했습니다.

미군(UN군)은 **자료2**와 같이 예상 밖의 기습을 당하고 한반도 남부로 몰렸습니다. 부산 교두보에서 간신히 북한군을 저지하고 있었지만 주도권은 북한군에게 있었습니다.

그렇기 때문에 맥아더가 사용할 수 있는 예비 전력의 전부라고도 할 수 있는 사단(제1해병사단, 제7보병사단)을 교두보에 보강하더라도 주도권을 탈환하기는 힘들었을 것입니다. '**주도권을 되찾아 적을 수동 태세로 바꾸고 전세 전반을 지배하기 위해서는 인천 상륙밖에 없다**'라고 주장하는 맥아더의 신념은 조금도 흔들림이 없었습니다.

자료2 부산 교두보 공방

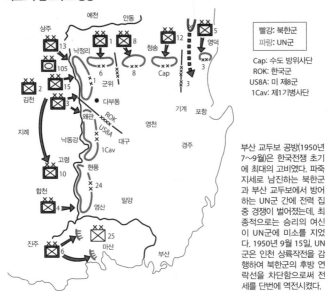

빨강: 북한군
파랑: UN군

Cap: 수도 방위사단
ROK: 한국군
US8A: 미 제8군
1Cav: 제1기병사단

부산 교두보 공방(1950년 7~9월)은 한국전쟁 초기에 최대의 고비였다. 파죽지세로 남진하는 북한군과 부산 교두보에서 방어하는 UN군 간에 전력 집중 경쟁이 벌어졌는데, 최종적으로는 승리의 여신이 UN군에 미소를 지었다. 1950년 9월 15일, UN군은 인천 상륙작전을 감행하여 북한군의 후방 연락선을 차단함으로써 전세를 단번에 역전시켰다.

■ **세 개의 상륙 작전안이 있었다.**

4-2(112쪽)에서 말했듯이 '억류한 적을 격파하기 위해 어느 방향으로 기동하는가'에 따라 '**우회**' '**포위**' '**돌파**'로 나눌 수 있습니다. 우선 최대한 '우회'에 가능성을 걸고 이어서 '포위'를, 부득이한 경우 '돌파'를 선택하는 것이 전술의 정석입니다.

'**북한군을 부산 교두보에 억류해 두었다**'라고 긍정적으로 생각하고 적을 공격하고 섬멸하기 위해 어디로 기동하면 효과적일지를 나타낸 것이 '맥아더의 기동 구상'입니다(**자료3**).

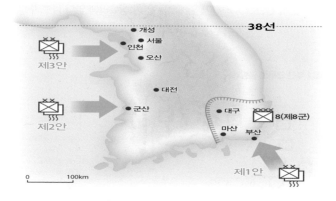

● **제1안: 부산 교두보의 병력을 증강하여 정면에서 밀어내는(돌파하는) 방안.**

북한군은 후방 연락선[18]을 따라 후퇴할 뿐이다. 공격에 시간이 걸리고 희생자가 많이 발생하나 적을 섬멸할 가능성은 적다. 동계 작전으로 이어질 가능성도 있고 최악의 경우 부산 교두보에서 전선이 교착될 수도 있다.

● **제2안: 제8군의 좌익을 강화·보강하는 방안.**

북한군의 보급선을 차단할 수 없으며 일부 부대를 포위할 수는 있지만 주력부대는 포위할 수 없다. 상륙부대와 제8군이 비교적 쉽게 연계할 수 있고 안정적이지만, 북한군을 포획·섬멸하기는 힘들다.

● **제3안: 북한군의 후방 연락선을 완벽하게 차단하는 방안.**

우회해 인천에서 서울을 탈환하고 북한군 주력부대로의 보급을 끊어 남진한 적의 전력을 포위할 수 있다. 오른팔인 제8군과 왼팔인 상륙부대로 단숨에 적을 섬멸할 가능성이 있다. 인천은 부산에서 240km 떨어져 있어 제8군과 연계할 수 없으므로 상륙부대에 차질이 생기면 상륙부대가 고립될 위험이 있다. 기습에 성공하는 것이 전제되어야 한다.

---

18 병창선과 본국을 연락하는 노선

■ 완벽한 기습으로 상륙에 성공

상륙부대 제1해병사단은 고베항, 제7보병사단은 요코하마항, 제5해병연대는 부산항을 출항해 총 260척의 함대가 인천 연안에 집합했습니다.

상륙작전은 1950년 9월 15일 오전 다섯 시에 함포 사격으로 시작됐고, 맥아더는 사령함 '마운트 매킨리'의 함교에서 지휘했습니다. 인천 정면으로 배치된 북한군이 거의 없었기에 **인천 상륙작전은 맥아더의 예상대로 완벽한 기습**이 되었습니다.

상륙군은 교두보를 확대하여 17일 밤 김포 비행장을 확보했습니다. 상륙 2주 후인 9월 27일에는 서울을 탈환했고, 북상한 제1기병사단의 선봉과 제7보병사단이 오산 북방 고지에서 9월 26일에 합류했습니다(**자료4**).

오른팔인 부산 교두보의 제8군은 9월 16일부터 공격으로 전환했고 같은 날 북한군도 전력을 다해 전면 공격에 나섰습니다. 그 때문에 며칠간 전쟁이 혼돈에 빠졌으나 북한군은 마침내 오른팔이 부러지고 왼팔이 잘렸습니다. 9월 20일, 제8군은 포위선을 돌파하여 22일에 북쪽을 향해 추격을 개시했습니다.

■ 상륙작전에 알맞은 지형이 아니었던 인천

자료5는 현재 미 해병대의 수륙 양용 작전에 관한 **기상 한계치**와 구일본군의 말레이 작전(**112쪽, 4-2** 참조) 당시의 수치입니다. 기상 한계치는 작전, 장비, 무기 시스템의 유효성을 현저히 감소시키는 요인의 한계수치입니다. 이 수치가 크게 증감하면 임무 달성 자체가 위태로워집니다.

현대의 장비나 상륙 요령은 말레이 작전 때와 비교할 수도 없이 발전했지만, **해상의 영향은 변함이 없습니다.** 수륙 양용차로 직접 해안에 상륙하는 미 해병대도 조류, 기파[19](氣波), 권파[20](捲波), 바람 등에 큰 영향을 받습니다. 말레이반도 동해안에서 펼쳐진 일본군의 상륙작전은 기상의 한계를 최대한 감수하고 벌인 작전이었기에 기습이 성립했다고 할 수 있습니다.

---

19 공기의 층이 여러 층으로 겹쳐서 움직일 때에 각 층의 경계면에서 생기는 공기의 파동
20 파도가 안으로 기울어지면서 물덩이 전체가 앞으로 내던져지듯 쇄파되는 파도

자료4 인천 상륙 작전 (1950년 9월 15~16일)

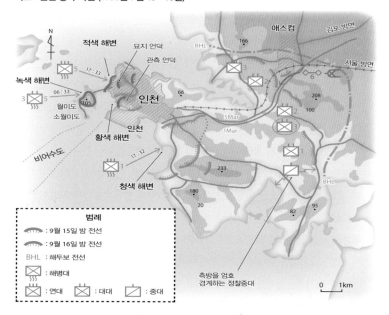

상륙작전에는 상륙용 보트로 접안하기 좋은 해변이 있어야 하는데 인천은 해양 조건과 지리 조건이 두드러지게 나빠 큰 부대가 상륙작전을 실시할 만한 장소가 아니었습니다.

맥아더는 태평양전쟁에서 일본군과 싸울 때 11번이나 상륙작전을 펼쳤습니다. 그 방식은 일본군 배치의 약점을 파고들거나 일본군이 없는 후방으로 우회하는 것이었습니다. 이른바 **개구리 뛰기 전법**이라 불리는데, 섬들에 흩어진 일본군을 유병으로 만들며 반격을 거듭했습니다.

맥아더는 개구리 뛰기 전법에 절대적인 자신감이 있어서 반드시 이긴다는 신념을 가지고 있었습니다. '일단 적의 남진을 저지하고 나면, 절대 우위를 점하고 있는 제공권(制空權)[21]과 제해권[22](制海權)을 이용해 적의 배후에 상륙해 단번에 쳐부수겠다'라는 확고부동한 방침을 끝까지 고수했습니다.

자료5 상륙작전에 영향을 미치는 기상 한계치

	현대 미 해병대의 기준	말레이 작전
연안류	4노트 이상의 저층 조류 또는 조충[23](Cross Swell)	조류, 풍속이 예상을 뛰어넘어 0.5∼1.5km 서쪽으로 편류
온도(바닷속)	15℃	남쪽 바다는 문제없음
해면 상태(기파)	높이 3m 이상의 파도	파고 1.5∼2m
연안 파랑(권파)	높이 4m 이상으로 밀려드는 파도	파고 2∼3m
파쇄대	암초 등이 파도에 숨어 있는 지역	암초 같은 건 없음
바람(지상)	18m/s 이상은 기파, 권파에 영향	동북풍 약 15m/s
조명(밝기)	아주 미약한 밝기	희미한 달빛

출처: MCRP 2-10-B.6

■ 북한군의 판단을 역이용한 역발상

참모들의 의견을 듣고 상황 판단 프로세스에 따라 인천 상륙안을 검토했다면 작전은 해보기도 전에 불가능 판정을 받았을 겁니다.

결과를 뒤집은 건 한 명의 지휘관으로, 맥아더의 경험, 지식, 신념에 뒷받침된 굳건한 리더십이 합리적이라고 할 수 있는 상황 판단 프로세스를 뛰어넘은 셈입니다. **오늘날 미 육군의 상황 판단 프로세스도 이를 부정하지는 않습니다.**

맥아더는 '북한은 몽칼름처럼 인천 상륙은 불가능하다고 여기고 있을 것이다. 나는 울프처럼 기습으로 인천을 손에 넣어 보이겠다'라고 도쿄 회담에서 말했습니다. '5000대 1의 도박'이라는 사실을 알면서도 자신의 신념을 관철했다는 점이 맥아더를 높이 살 부분입니다.

인천 상륙작전은 해상·기상을 이용한 결단이라기보다 오히려 **'미군이 인천에 상륙할 리 없다'라는 북한군의 해상·기상 판단을 역이용한 역발상**이라고 할 수 있을 것입니다. 탁월한 발상도 반대를 무릅쓰고 밀어붙일 만큼 강렬한 리더십이 없으면 활용할 수 없습니다.

---

21 전(全) 전쟁 지역에서 적 항공력의 간섭을 배제할 수 있는 아군 공군력의 절대적인 공중 우세 상태
22 적 해군으로부터의 간섭을 배제할 수 있는 해양 우세의 정도
23 서로 다른 조류의 흐름을 가진 해양이 부딪혀 격랑을 일으키는 현상

목적을 달성하기 위한
기상·자연의 군사적 이용
최종 병기는 기상과 자연

■ **사담 후세인**

1990년대 당시 이라크 대통령 사담 후세인은 적대 세력을 타도하고 정권 붕괴를 막기 위해 기상과 자연을 군사적으로 이용하는 데 다방면으로 뛰어났습니다.

제1차 걸프 전쟁에서 100시간 싸움에 진 이라크군이 쿠웨이트에서 철수해 후위 전투에서 **유전에 불을 지른** 일화는 잘 알려져 있습니다.

유전 방화는 다국적군의 추격을 방해했을 뿐만 아니라 자극성 강한 검은 연기를 많이 발생시켜 다국적군 폭격기의 가시거리를 줄이고 이라크군 지상부대의 은폐를 도왔습니다.

불이 붙은 유전은 730곳, 하루에 약 250만 배럴의 원유가 탔는데 일본의 하루 원유 소비량의 절반 이상에 해당했습니다. 방화로 인해 하루당 1만 3천 톤의 매연, 1만 7천 톤의 황산화물, 107만 톤의 이산화탄소가 발생한 것으로 추정됩니다. 페르시아만 연안 일대의 대기가 오염됨에 따라 동식물에 대한 영향 및 건강이 우려되었습니다.[24]

걸프전 후 사담 후세인의 권력 기반과 생존에 위협을 가하는 전국 규모의 반란이 일어났습니다. 사담 후세인은 반란 세력과의 싸움에서 지역 주민을 내쫓고, 반란 세력의 은신처를 제거하기 위해 **바스라 주변의 광대한 메소포타미아 습지를 건조시키는 횡포**를 부렸습니다. 또한 **쿠르드인이 거주하는 지역을 범람시키기 위해 이라크 북부에 댐을 건설**했습니다.

---

24   전국립환경연구소 「국환연 뉴스 11권」 「걸프전에 따른 환경 파괴」(와타나베 마사타카)를 참고했다.

메소포타미아 습지는 4대 문명의 발상지인 티그리스강과 유프라테스 강의 하류 지역에 있습니다. 과거에는 넓이가 약 2만km2였습니다. 1970 년대 이후로는 간척 등으로 축소되었고, 특히 습지를 거점으로 한 반정부 세력 소탕 작전 때 후세인 정권이 습지를 건조시켜 한때 4%까지 축소되 었습니다.

이라크와 쿠르드인의 문제는 복잡합니다. 이라크에는 총인구의 20% 에 해당하는 약 500만 명의 쿠르드인이 거주하는데 이라크가 국가로 성 립된 1920년대부터 자치권을 요구하며 싸워 왔습니다. 걸프전 휴전 후 영·미의 언질에 따라 쿠르드인이 남부의 시아파 아랍과 호응해 들고일 어나면서 내전이 시작되었으나, 정작 영·미가 움직이지 않아서 이라크 군에 진압되었습니다.

이라크군의 방화로 불타오르는 쿠웨이트 유전 　　　　　　　　출처: 미 국방부

사담 후세인은 메소포타미아 습지를 건조시키거나 쿠르드인 거주지를 범람시키는 등 **내란을 진압하는 데 기상·자연을 '무기'로 이용하는 것**을 주저하지 않았습니다.

■ 베트남 전쟁

1960년대는 과학이 두드러지게 진보해, 인류는 날씨 자체에 광범위한 영향을 줄 수 있게 되었습니다. 베트남 전쟁에서 미군은 **지상의 안개를 흩뜨리고 인공 강우를 내리기** 위해 다양한 수단을 강구했습니다.

베트남 전쟁의 전환점이 된 테트 공세(1968년 1월 30일~2월 24일)와 병행하여 북베트남군이 미군 전투기지 케산을 공격할 때, 지상의 안개를 흩뜨리고자 C-123 수송기로 소금을 살포했으나 효과는 없었습니다.

케산은 비무장지대(DMZ: DeMilitarized Zone)에서 남쪽으로 25km 떨어진 지점에 설치된 미군 전투기지로, 호찌민 루트를 파괴하는 것이 북 베트남군의 목적이었습니다. 호찌민 루트는 DMZ를 기점으로 직선거리는 1,400km, 총길이는 4,000km가 넘는 보급선으로 온갖 군사 물자가 남 베트남 민족해방전선(NLF)으로 끊임없이 흘러들었습니다.

북베트남군은 디엔비엔푸(**20쪽, 1-2참조**)를 재현하기 위해 희생을 마다하지 않고 맹공격을 펼쳤지만(1968년 1월 21일~4월 8일) 기지를 빼앗지는 못했습니다. 미군은 77일 동안 고된 전투를 견뎠으나 결국 기지를 포기했습니다.

1967년부터 1972년까지 미 공군 기상국은 지역 일대를 침수시켰습니다. 호찌민 루트를 진흙탕으로 만들어 사람과 물자의 이동을 방해하는 것이 목적이었습니다. 그를 위해 세 대의 개조형 WC-130 **수송기로 아이오딘화은 등의 플레어[25]를 살포하는 방법으로 구름씨를 뿌려 라오스와 캄보디아에 인공 비를 내렸습니다.**

1969년 닉슨 대통령은 홍 강 일대의 댐을 파괴하기 위해 '덕훅 작전(Operation Duck Hook)'의 일부로 핵무기를 사용하는 방안을 고려했습니다. 비록 작전은 불발됐지만 만약 실행에 옮겨졌다면 북베트남의 산업 중추 지역 대부분이 물에 잠겨 전대미문의 재해를 입었을 것입니다.

25　군용기, 함선, 군용차량에서 적외선 유도 미사일·열추적 미사일의 회피 대책으로 사용하는 기만체

몬순 기후인 베트남에서는 종종 폭풍우나 안개가 작전에 큰 영향을 줍니다. 1968년 케산 전투에서는 활주로가 짙은 안개에 휩싸여 해병대를 지원하는 데 지장이 생겼습니다. 그런데 한편에선 짙은 안개 때문에 북베트남군의 대공 사격 효과가 떨어지는 일이 있었습니다. 북베트남군 사격 요원이 항공기나 헬리콥터 소리가 났다 하면 목표도 정하지 않은 채 무작정 구름 속으로 무작정 사격한 모양입니다. 최고 사령관 웨스트모어랜드William C. Westmoreland장군은 **안개를 뚫고 공중보급을 재개하기 위해 지역 일대에 소금을 살포하라고 명령**했습니다. 악조건에서 생각해낸 고육지책이었으나 참신한 발상이었습니다.

케산에서 포위된 미 해병대. 상공에서 미 공군의 F-4 팬텀 II가 근접항공지원 중
출처: 미 공군 국립박물관

케산에서는 디엔비엔푸 때와 마찬가지로 공중보급만이 전투력을 유지하는 유일한 길이었는데, 미군은 압도적인 항공 전력과 물불 가리지 않는 대응책으로 케산을 지켜 내 디엔비엔푸가 재현되는 것을 막았습니다.

■ 악천후를 활용한 '벌지 전투'

패색이 짙은 나치 독일군의 마지막 대반격은 1944년 12월 **벌지 전투에서 일어납니다.** 제공권을 잃은 독일군은 시의적절한 악천후로 연합군의 항공기가 날지 못하게 된 데서 활로를 찾고 **아르덴숲에 모든 육상 전력을 투입**했습니다.

독일군 병사는 동부 전선에서의 경험을 살려 백색 파카를 착용하고 주위 환경에 녹아들었습니다. 연합군 병사도 즉시 헬멧을 백색으로 칠했고 지역 주민들도 기꺼이 그들에게 흰 시트를 제공했습니다.

1944년 가을, 나치 독일군은 동쪽에서는 소련군이 국경에 육박하고 서쪽에서는 영·미 연합군이 국경을 넘봐 나치 독일군은 곤경에 처해 있었습니다. 난국을 극복하기 위해 히틀러는 '동서 어느 한쪽에만 정면에 전력을 집중시켜 결전을 벌이는 수밖에 없다'고 판단했습니다. 그리고 **결전 상대로 영·미 연합군을 택했**습니다.

독일군은 마지막 장갑 예비군을 서부 국경의 아르덴에 투입했습니다. 그들은 아르덴 삼림 지대를 통과하고 뫼즈강을 넘어 앤트워프로 돌진했습니다. 연합군의 북쪽 날개와 보급 거점을 갈라 연합군의 봄 공세 준비를 저지할 심산이었습니다.

작전 계획(벌지 전투)은 **1940년 5월 악천후를 '방패' 삼아 치른 장갑 사단의 전격전을 재현하는 것이 목적**이었습니다. 당시 독일군은 겨울철의 악천후와 짧은 낮 시간을 이용해 연합군 공군의 집중 공격을 피했습니다.

독일군의 작전은 흐린 날씨가 이어지느냐 마느냐에 성패가 달려 있었습니다. '12월 둘째 주에 한동안 악천후가 이어질 것이다'라는 일기예보가 있었기에 공격 개시일은 12월 16일로 결정되었습니다. 연합군은 독일군에서 공세 조짐을 포착하지 못했습니다. 악천후로 인해 항공 정찰이 방해를 받았기 때문입니다. 12월 16일 오전 5시 30분, 독일군은 대반격을 개시했고 2천 문이 넘는 대포가 일제히 포문을 열어 완벽한 기습이 이루어졌습니다.

악천후는 12월 24일까지 일주일간 이어졌고 연합국군의 항공기는 거의 비행할 수 없었습니다. 그러나 12월 24일 중부 유럽에 1040밀리바(헥토파스칼)의 거대한 고기압이 나타나 '비행 최적일'이 되면서 **형세는 단숨에 역전**되었습니다.

당시 기상 정보를 입수하기 힘들었던 것을 고려하면 독일군 기상부(반)의 정확한 일기예보에 경탄을 금할 수 없습니다. 하지만 오늘날에는 고성능 컴퓨터로 고화질 이미지를 만들 수 있고 안개에 휩싸인 지형도 선명한 이미지로 변환할 수 있으니, 이제 **벌지전투를 재현하기란 아마 어려울** 것입니다.

자료2 벌지전투(1944년 12월 23일 상황)

출처: 『The Weather Factor: How Nature Has Changed History』 Erik Durschmied, Arcade Publishing, 2001

기상 정보를 대하는 태도가
승패를 갈랐다

노르망디 상륙작전

1944년 6월 6일 결행된 **노르망디 상륙작전**을 지휘한 사람은 연합국 원정군의 최고 사령관 **아이젠하워** Dwight David Eisenhowe 대장이었습니다. 그리고 도버해협 수비 군단을 지휘했던 사람은 북아프리카 전선에서 '사막의 여우'라고 불린 **롬멜** Erwin Johannes Eugen Rommel 원수입니다.

연합군은 도버해협 일대의 달빛, 조수간만의 차, 조류 관계를 살펴 상륙 예정일(D-Day)을 6월 5일로 정했으나, 6월 4일 저기압의 발달로 도버해협 일대의 날씨가 거칠어졌습니다. 그날 밤 마지막 결단을 내리기 위한 간부회의가 원정군 최고 사령부에서 개최되었습니다.

주임 기상장교인 스태그 대령은 '5일 밤부터 6일에 걸쳐 해협의 운량雲量이 5가 되고 바람이 약해질 것이다'라는 기상예보를 바탕으로 D-Day를 6월 6일로 연기하자는 의견을 냈습니다. 고민 끝에 아이젠하워 대장은 D-Day를 6월 6일로 결정했습니다.

독일 측은 연합군의 상륙 시기가 임박했음을 피부로 느끼고 있었습니다. 한편, 파리에 있는 독일 공군 사령부 기상반은 연합군 측과 동일한 기상 정보를 파악했습니다. 그러나 6월 4일의 날씨는 악천후였기에 **연합국의 상륙은 없다**'라고 낙관적으로 판단했습니다. 이 정보는 각급 사령부에 전화나 전신으로 전달됐으나 **작전부장과 함께 본국에 출장 중이던 사령관 롬멜 원수에게는 전달되지 않았습니다.**

연합군이나 독일이나 같은 기상 정보를 파악했지만 연합군은 최고 사령관을 비롯한 모든 간부가 한자리에 모여 기상예보를 나눈 반면, 독일은 단편적인 정보로서 전화와 전신으로 전달했을 뿐입니다. 기상 정보에 대한 진지함의 차이가 승패를 가르는 치명적인 요소였음을 알 수 있는 사례입니다.

기상, 지진, 화산을 컨트롤한다?

황당무계하지 않은 이야기

'테러리스트들은 전자파 원격 사용으로 날씨를 조작해 지진을 유발하고 화산을 분화시키는 방법으로 환경 테러에까지 손을 댔다.'

1997년 클린턴 정권 때의 국방부 장관 윌리엄 코헨 William Sebastian Cohen은 테러리즘에 관한 회의 자리에서 기상 실험에 관하여 위와 같이 추론했습니다.

미국과 유럽의 여러 나라는 제2차 세계 대전이 끝난 직후부터 **기상을 조작하는 기술을 실험**했습니다. 초기 실험 중 하나로 허리케인의 눈에 180파운드(약 82kg)의 드라이아이스를 투하하여 미국 대서양 연안에서 허리케인의 방향을 틀고자 한 'Project Cirrus'가 있습니다. 실험은 처음엔 성공한 듯 보였지만, 허리케인이 갑자기 진로를 바꿔 조지아주 서배너 부근에 상륙하는 바람에 실패했습니다.

허리케인을 약화시키는 실험 'Project Stormfury'는 1960년대부터 1970년대에 걸쳐 계속되어 허리케인의 기세를 꺾는 모종의 방법을 알아냈으나 결국 해군에 의해 중단되었습니다.

소련(러시아)과 영국은 구름의 생성, 싸락눈 컨트롤을 비롯해 다양한 타입의 기상 변화를 실험하고 있습니다. 미군은 베트남 전쟁에서 인공 강우 형성, 구름의 생성, 안개 제거를 시도했습니다.

앞서 코헨 국방부 장관의 발언처럼 기상 조작, 인위적인 지진 유발, 화산 분화 등이 무기로 사용된다고 추론하는 것도 아주 황당무계하다고는 할 수 없을 듯합니다.

사막에 적응한 이스라엘군 전차부대

병사들을 쓸데없이 고생시키지 않았다

사막을 주행하는 전차는 미세한 모래 먼지에 실린더가 마모되어 엔진 출력이 저하됩니다. 또한 사막의 더위는 전차 승조원을 부쩍 지치게 합니다. 이스라엘 국방군은 1967년 제3차 중동전쟁에서 일단 기갑 전력을 시나이반도에 집중시켰다가 4백km 북쪽의 골란고원으로 돌려 곧바로 전투를 벌였습니다.

이때 아래의 그림처럼 전차는 50톤 대형 트레일러로 수송하고 전차 승조원은 시원한 버스에 태워 심신을 회복시켰습니다. 그로써 **전차도, 사람도 사막 기상에 적응한** 채 싸울 수 있었습니다.

■ **대형 트레일러로 전차를 전쟁터로 수송한 이스라엘 국방군**

레바논

시리아

골란 고원

지중해

2차 공격

요르단강

요르단

가자

예루살렘

이스라엘

수에즈 운하

1차 공격

전차는 50톤 대형 트레일러로 수송한다

눈을 붙이고 휴식을 취할 수 있도록 전차 승조원은 냉방된 버스로 이동한다

수에즈

수에즈만

시나이 반도

아카바만

결집…
하루 밤낮 동안 4백 km를 기동하여 즉시 공격한다

수에즈 운하

골란 고원

내선 작전에서는 속전속결이 성공의 열쇠를 쥐고 있다. 그래서 결전부대는 반드시 신속하게 기동해야 하는데, 50톤 대형 트레일러와 냉방된 버스가 이를 가능하게 만들었다.

제6장

기상과 전쟁터
아라카르트

사우디아라비아는 세계에서 가장 살기 힘든 기후에 속한다. 특히 8월과 9월의 기온은 때때로 60℃까지 치솟는다. 이런 더위 속에서라면 미군 병사는 능력을 발휘하기가 힘들다. 제3부 작전 계획 참모들은 병사들이 두터운 방호복을 걸치고 행동할 수 있을지에 대해 강하게 우려했다.

『CERTAIN VICTORY: THE U. S. ARMY IN THE GULF
WAR』, Robert H. Scales, POTOMAC BOOKS 1998

눈

구름은 항공 활동이나 센서 등의 기능에 영향을 준다

국제구름도감은 높이와 형태에 따라 구름을 10종으로 분류하고 있습니다. 전투·작전이라는 관점에서는 전쟁터 근처 상공에 생기는 구름이 주 관심 대상이 됩니다. 이 구름은 대류운이나 하층운으로, 적란운처럼 지표면으로부터 10km 이상 상층으로 뻗는 구름도 있습니다. 군사적 관점에서는 **운량**과 **운저고도雲底高度(실링)**가 특히 중요하게 여겨집니다.

일반 시민에게 운량의 정도를 나타낸 수치는 별 의미가 없습니다. 일기예보에서는 '비가 올지 안 올지'가 문제고, 군사적 관점에서는 '**항공기 작전에 지장이 있을지 없을지**'가 관심사입니다.

운량은 공중에 떠 있는 구름의 총량입니다. 국제 기준상 0에서 8까지 있고, 기상청 일기예보에는 '쾌청' '맑음' '흐림'의 세 가지 종류가 있습니다. 미군 기준상으로는 'clear' 'scattered(산재)' 'broken' 'overcast(흐림)'의 네 가지 종류로 분류됩니다(**자료1**).

- **clear**: 구름 한 점 없음
- **scattered**: 구름이 흩어져 있는 상태. 항공기 비행에 전혀 지장은 없다.
- **broken**: 구름이 매우 많으나 '찢어진 우산'처럼 군데군데 빈틈이 있어 그 사이로 진입할 수 있다.
- **overcast**: 전면이 구름으로 뒤덮여 빈틈이 없는 상태로 항공기 비행에 지장이 있다.

운량의 유형 및 총량은 적군·아군의 항공 활동에 큰 영향을 줍니다. 구름이 확산되면 항공 지원의 효율이 나빠지고 그 영향은 운량 증가, 운

자료1 운량(cloud cover) 국제 기준

운량	국제 기상 통보식 설명	날씨(기상청)	운량 상태(미군)
0	구름 없음(cloudless)	쾌청	clear
1	맑음(sunny)		
2	구름 조금(scattered clouds)	맑음	scattered
3	조금 흐림(lightly cloudy)		
4	맑고 때때로 구름(partly cloudy)		
5	흐림(cloudy)		broken
6	흐린 뒤 맑음(mostly cloudy)		
7	구름 다소 많음(nearly overcast)		
8	구름 많음(overcast)	흐림	overcast

거대한 적란운은 소나기구름이라고도 불리며 주로 여름에 볼 수 있다. 지표면 근처에서 발생하여 10km 이상 상층까지 발달하고 구름 밑에서는 세찬 뇌우가 쏟아진다.

저고도(실링) 저하, 구름 상태 변화(결빙, 난류, 고공에서의 가시거리 악화) 같은 요소에 좌우됩니다.

불안정한 기단[26] 속에서 구름은 상승과 하강, 기류, 난기류, 고공에서의 가시거리에 깊이 관여합니다.

■ 항공기 작전에는 운저고도 300m가 필수

운저고도(실링)는 지표면에서 운저[27]까지 높이를 말합니다. 지상 부대에 대한 지원, 특히 전투 폭격기 등에 의한 근접항공지원이나 공중보급 등에 큰 영향을 줍니다. 일반적으로 근접항공지원 임무나 공중보급 임무에는 최저 1,000피트(약 300m)의 실링이 필요합니다.

자료2 운저고도(실링)이란?

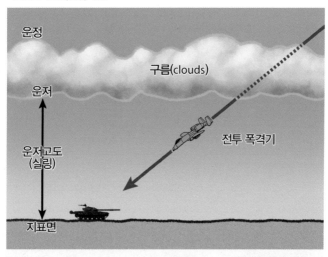

지표면에서 운저까지의 높이

---

26 넓고 평평하며 광대한 지역에 걸쳐 형성되어, 비교적 일정한 성질을 갖는 거대한 공기덩어리
27 구름의 가장 밑면

또한 구름은 태양광의 자연조명 효과 및 적외선 표적의 태양열 방사를 제한해 정보 센서나 관측 시스템에 영향을 줍니다. 구름은 레이저 유도 장치의 목표 탐색 및 자동 추적(lock-on)을 위한 포락선을 축소하여 적외선 유도포탄(야전포부대가 장비하는 155mm 유탄포 카퍼헤드)의 사용을 제한합니다.

자료3 운저고도(실링)의 영향

한계치 한계치	현저히 영향(저하)이 있다		어느 정도 영향(저하)이 있다	
	시스템/행동	주목점	시스템/행동	주목점
0m	정찰 · 감시	목표 포착		
100m	지상 활동	목표 포착		
300m	공정, 근접항공지원	전투기	항공 활동	
	고고도 잠입	최소한도	지상 활동, 정찰 · 감시	포착
	수륙 양용 작전	근접항공지원		
	항공 활동	목표 포착		
	지상 활동	근접항공지원		
1,000m			공정	항공기
			수륙 양용 작전	근접항공지원
			항공 활동	목표 포착
			지상 활동	근접항공지원
1,200m			근접 활동 지원	전투기 운용
1,500m	c-130 수송기			
1,700m	NBC (182쪽, 6-7 참조)	폭발 효과	MAVERICS (공대지 미사일)	사용 목적에 따 라 다름

출처: FM 34-81-1

자료3은 운저고도의 한계치가 시스템이나 부대 행동에 어떤 영향을 미치는지 정리한 표입니다.

　　현대전처럼 항공기 활동이 필수인 전투 및 작전에서 **운저고도 300m는 거의 절대적인 조건**이라고 할 수 있으며, 적어도 **1,000m 이상의 운저고도가 필요**합니다.

그 밖의 기상 요소

인간의 지혜를 뛰어넘는 자연현상도 있다

전쟁 중 부대에 영향을 미치는 요소에는 가시거리, 바람, 강수, 운량/운저고도, 온도, 습도 등이 있는데, 그 밖에 다른 기상 요소도 고려할 수 있습니다(**자료1**).

공기는 절연체이기 때문에 전기가 통하지 않지만, 번개는 자연이 일으키는 대규모 불꽃 방전입니다. 가장 위협적인 것은 지표면으로 방전되는 **낙뢰**입니다. 방전 길이는 평균 6km라고 하지만 15km나 되는 긴 방전도 있는 모양입니다. 뇌우가 퍼부을 때는 '금속 상자 안에 있으면 가장 안전'하다고 하는데 전철이나 자동차, 철근 콘크리트 건물 안이 그 환경에 가까울 듯합니다.

벼락은 군사 분야에도 영향을 주는데, 5km 거리가 기상 한계치

태양 플레어로 인해 자외선과 X선이 급증하면 지구 전리층(고도 80~500km)에 이상 전리가 일어나 **전리층을 반사하는 전파의 강도가 저하됩니다. 이를 전리층 교란(델린저 현상)**이라고 합니다. 이 교란이 일어나면 단파 통신에 막대한 영향이 생깁니다. 현대전에서 통신은 필수인데, 전리층 교란은 인간이 어쩔 수 없는 자연현상으로 **일어났다 하면 그 자체로 한계치**라고 할 수 있습니다.

자료1 그 밖의 기상 요소

한계치	현저히 영향(저하)이 있다		어느 정도 영향(저하)이 있다	
	시스템/행동	주목점	시스템/행동	주목점
뇌우				
5km 미만	공정	항공기		
	항공 활동	항공기		
	정찰 · 감시	지상 활동		
	병참	병참		
	NBC	탄약 저장		
	통신	시스템 안전		
		지상 활동		
5km 이상			공정	항공기
			항공 활동	항공기
			정찰 · 감시	지상 활동
			병참	병참
			NBC	탄약 저장
			통신	시스템 안전
				지상 활동

효과적인 조명				
2.5밀리럭스 이내	공정	야간 시찰용 고글		
	수륙 양용 작전			
	항공 활동			
	정찰 · 감시			
	통신			
상대 습도				
70% 이상	병참	저장		
밀도 고도				
1,200m			공정 · 항공 활동	공수
2,100m	공정 · 항공 활동	공수		
해면 상태				
간만의 차 1.8m 이상	수륙 양용 작전	소형정의 안전		
기파 0.9m 이상				
권파 1.2m 이상				
항공기 결빙				
미량			항공 활동	항공기의 안전
경도, 그 이상	항공 활동	비행기의 안전		
항공기 난기류				
보통(moderate)			항공 활동	항공기의 안전
약함(light)	항공 활동	항공기의 안전		
기온 체감률				
역전	항공 활동	항공기의 안전	NBC	용제 지속성
전리층 교란				
모든 경우	항공 활동	주파수 사용		

출처: FM 34 -81-1

기습과 기상

기상에 기습당할 때도 있다

피터 드러커Peter Ferdinand Drucker는 '기본과 원칙을 거스르는 것은 예외 없이 머지않아 무너진다'라고 강조했습니다. 군사 세계에도 **전쟁원칙(Principles of War)**이라는 수천 년의 역사 속에서 빚어진 지혜가 있습니다. 전쟁원칙은 인류가 지금까지 경험하고 기록해 온 전쟁과 투쟁으로부터 귀납적으로 도출된 원칙입니다.

전쟁의 원리와 원칙은 고대부터 있었으나, 오늘날과 같이 '학습할 수 있는 형식'으로 확립된 데는 영국 육군 퇴역 소장 J. F. C. 풀러John Frederick Charles Fuller의 공이 큽니다. 풀러 소장은 **암묵적 지식이었던 전쟁원칙을 누구든 배울 수 있는 형식적 지식으로 확립한 전쟁원칙의 창시자**입니다.

전쟁원칙은 20세기 초 영국 육군에서 탄생해 미국 육군에서 진화한 뒤 제2차 세계대전 때 일본 육상자위대에 전해졌습니다. 미국 육군의 『Operations』와 육상자위대의 『야외령』은 **아홉 개 항목**의 전쟁원칙을 꼽습니다.

전쟁원칙은 수학이나 이과에서의 공리, 공식 같은 것이 아니라 오히려 사회과학적인 교훈의 성격을 띠고 있어, 현실 상황에 입각한 건전한 판단과 전술적 상식으로 적절히 조합하여 활용해야 한다는 것이 특징입니다.

미국 육군도 '전쟁원칙이란 가장 넓은 의미에서의 원칙일 뿐, **모든 상황에서 성공을 보증하는 규칙이나 과학적인 공식이 아니다.** 이 원칙을 충분히 이해하고 현명하게 적용하면 군사 행동에 성공할 가능성이 높다'라고 단언했습니다.

자료1은 전쟁원칙 9개를 정리한 표로, 항목 안에 **기습**이라는 원칙이 포함되어 있습니다.

자료1 전쟁원칙(Principles of War)

Objective (목표)	모든 군사 행동을 애매하지 않게 명확히 정의하며 결정적이고 달성 가능한 목표를 내세워라.
Offensive (공세)	주도권(initiative)을 빼앗고 유지하며 확대하라.
Mass (집중)	전투력의 효력을 결정적인 시간과 장소에 집중하라.
Economy of force (병력 절약)	부차적인 노력에는 가급적 최소한의 전투력을 배분하다.
Maneuver (기동)	전투력을 유연하게 운용하고 적을 불리한 입장에 두어라.
Unity of command (지휘 통일)	모든 목표에 있어서 한 명의 책임 있는 지휘관 밑으로 노력을 통일하라.
Security (경계)	적에게 결코 뜻밖의 이익을 주어서는 안 된다.
Surprise(기습)	적이 준비되지 않은 시간, 준비되지 않은 장소에서 예상하지 못한 방법으로 공격하라.
Simplicity(간명)	명확하고 복잡하지 않은 계획을 준비하라. 명확하고 간결한 명령은 명령받는 자의 이해를 돕는다.

기습은 예상 밖의 공격에 적이 대응하지 못하는 사이 전쟁에서 얻은 성과를 확고히 다지는 일입니다. 기습의 형태는 **자료2**와 같이 다양하고 보통 공격하는 쪽의 의지가 방아쇠로 작용합니다. 그러나 **자연현상인 날씨는 적군과 아군을 똑같이 기습하기 때문에 대응 방식이 전쟁의 귀추에 결정적인 영향을 미칠** 수 있습니다.

자료2 전쟁사는 기습의 예로 가득하다

시기적 기습	• 야간 기습, 새벽 기습 • 주말·경축일 개전–진주만 공격, 제4차 중동전쟁
장소적 기습	• 알프스 횡단–한니발, 나폴레옹 • 중국 홍군의 대장정 • 아르덴숲 돌파–독일 기갑부대(제2차 세계대전)
기상적 기습	• 러시아 동장군–나폴레옹군(1812년), 독일군(제2차 세계대전) • 악천후 이용–나치 독일군의 벌지전투 • 키스카 탈출 작전–해무 이용 • 태풍권 내 삼각파도에 의한 함수 절단–일본 해군 제4함대, 미 해군 제3함대 • 풍선 폭탄으로 미 본토 폭격–제트기류 이용
전법적 기습	• 나가시노 전투–철포를 연속 사격하여 기마대 격파 • 전격전–전차와 급강하 폭격기의 협동 작전 • 수륙 양용 작전–미 해병대의 과달카날섬 상륙 • 헬리본 작전–베트남전쟁에서의 미군 • 야시장치 사용(야간 전투)–포클랜드전쟁, 걸프 전쟁 • 저강도 분쟁(LIC)인 비대칭전–게릴라, 테러, 구식 장비 사용
기술적 기습	• 제1차 세계대전에서의 전차 출현 • 제2차 세계대전에서의 원자 폭탄 투하 • 무인기(UAV)에 의한 각종 행동–중요 인물 암살 등
공간적 기습	• 우주 이용– 스페이스 워, 미사일 방어 • C4ISR(지휘, 통제, 통신, 컴퓨터, 정보, 감시, 정찰) • 제5의 전쟁터(사이버 공간)에서의 사이버 전쟁

많은 저술가와 역사가는 '만약 비가 오지 않았더라면 나폴레옹은 워털루에서 이겼을 것이다'라고 가정합니다. 1815년 6월 17일 밤, 시간당 우량이 50mm 이상으로 추정되는 폭포수 같은 폭풍우가 벨기에 지방에 쏟아져 전쟁터인 워털루 일대를 진흙탕으로 만들었습니다(**10쪽, 1–1 참조**).

나폴레옹은 영국군(6만 8천)을 18일 오전 9시에 공격할 예정이었으나 부대를 투입하는 데 지장이 생겨, 땅이 말라 야전포 250문을 전쟁터로 기동할 수 있는 1시 30분까지 공격을 연기했습니다. 그 몇 시간의 공격 지연이 기폭제가 되어 프로이센군은 오후 4시 30분 프랑스군 우익을 공격할 수 있었습니다.

나폴레옹이 '결정적인 전투에서는 포병이 승리의 열쇠를 쥔다'라고 말했듯이 포병은 나폴레옹군의 승부수였습니다. 나폴레옹은 땅이 말라 야전포를 전쟁터로 기동할 수 있을 때까지 기다렸으나, 결과적으로 **전날 밤 내린 폭풍우가 세기의 전투의 향방을 결정**했습니다.

나폴레옹 시대는 일기예보가 시행되기 전이었지만, 제1차 세계대전은 기상학이 전투와 작전에 필수 불가결함을 인식시켰습니다. 제1차 세계대전에서는 전차, 항공기, 화학무기(염소가스, 독가스) 등 신무기가 등장하여 대규모 기동전과 포병전이 펼쳐졌습니다. 군의 기동력 발휘나 항공기 운용은 날씨에 좌우될 때가 많았고, 일기예보의 중요성이 인식됨에 따라 **기상기사를 군 사령부에 배속하게 되었습니다.** 기상 정보는 전략 정보가 되어 **기상관제도 구축하게** 되었습니다.

오늘날 기상학이 발전하고 과학기술이 진보함에 따라 매우 정확히 날씨를 예보할 수 있게 되었습니다. 그러나 기존의 상식 범위를 뛰어넘는 자연현상도 있어서 사전 정보와 준비가 없으면 **근대의 군대라 해도 날씨의 기습에서 벗어날 수 없을** 것입니다.

병사에게 미치는 영향

병사는 똑같이 기상의 영향을 직접 받는다

기상은 사령관이든 말단 병사든 상관없이 모든 군인에게 똑같은 영향을 줍니다. 특히 극단적으로 저온이거나 고온인 환경에서는 더 큰 영향을 준다고 할 수 있습니다. 기상은 부대 행동, 무기 시스템, 각종 장비 등에 다양한 영향을 주는데 **인간의 신체에 그보다 강한 영향을 직접적인 충격으로** 줍니다.

각인각색이라는 말이 있듯이 군인의 신체 조건이나 고온·저온에 대한 내성은 저마다 다릅니다. 기온, 지상풍, 상대 습도는 모든 군인에게 똑같이 영향을 줍니다. 그러한 요소가 군인의 육체적인 행동, 개인의 방어력, 물 소비 등에 어떤 영향을 주는지 파악하는 일은 **부대 행동의 기초**가 됩니다.

지구 온난화로 세계 각지에서 이상 기상이 발생하고 있습니다. 일본에도 2018년 여름 기상 재해라고 불리는 현상이 닥쳐 대부분의 국민이 이상 기상을 직접 경험했습니다. 각종 뉴스에서는 연일 기상 예보관이 더위의 메커니즘을 설명하고 열사병의 위험을 경고합니다. 군대에서는 **병사의 심신 건강을 유지하는 일이 대전제**이므로 저온과 고온에 대한 갖가지 대책을 세웁니다.

■ 몹시 추운 기상 환경의 영향

추위가 심할 때 병사의 최대 관심사는 생존입니다. 그들은 따뜻함을 유지하는 일이나 노출된 피부를 동상으로부터 보호하는 일에 많은 시간을 들입니다. 저자의 경험에 비추어 보더라도 적설 한랭지의 부대에서는 부대원의 겨울철 위생, 특히 **동상을 예방하는 일이 최대 관심사**입니다.

체감 온도 −52℃의 혹한지 알래스카주 데드호스에서 훈련하는
제1대대 · 제40기병 연대의 병사들

출처: 미 육군

저자는 과거 홋카이도 가미후라노의 전차부대에서 근무하며 혹한기 체감 온도의 무서움을 낱낱이 겪었습니다. 혹한의 바람은 체감 온도를 낮춰 실제 기온보다 훨씬 춥게 느껴집니다(**60쪽, 2–3** 참조). 홋카이도에서는 영하 20℃의 바람 없는 쾌청한 이른 아침이면 공중에 세빙[28]細氷이 떠다닙니다. 하지만 별로 춥지는 않습니다. 이런 환경에서 전차를 타고 시속 30km로 달리면 8m/s의 바람을 정면에서 맞게 되어 체감 온도는 영하 40℃까지 떨어지고, 노출된 얼굴은 바늘에 찔린 듯 아파 옵니다. 얼굴을 가릴 마스크가 없으면 도저히 견딜 수 없습니다. 알고 있는 사실도 직접 겪어 보지 않으면 위력을 실감할 수 없습니다.

---

28 미세한 수많은 빙정이 지표 가까운 곳에 떠있는 현상

■ 몹시 더운 기상 환경의 영향

무더운 환경에서 특히 중요한 기상 요소는 **기온과 상대 습도**입니다. 이런 요소는 병사의 육체를 소모 시키고 탈수 증상을 일으킵니다. 이런 기상 환경에서 병사를 운용할 때는 다음 사항에 유의해야 합니다.

① **적절한 수분 관리:** 물 보급 및 행동 전·중·후의 철저한 수분 공급은 생존을 위해 매우 중요.

② **임무량과의 상호 관계:** 얼마나 임무를 할당하고 얼마나 훈련을 실시할지는 열 스트레스(열사병) 환경에 달려 있음.

③ **휴식 시간:** 무더울 때는 병사의 육체 행동에 적절한 휴식 시간이 필수.

④ **차가운 음료:** 병사는 심한 탈수 증상을 보일 때도 따뜻한 음료는 거부하는 경우가 많음.

⑤ **육체적인 활동 조정:** 온난한 기후에서 무더운 기후로 이동한 병사를 격한 육체 활동에 투입하려면 새로운 환경에 서서히 적응시켜야 한다. 새로운 환경에 적응하는 데 필요한 조정 기간은 1~2주. 이 기간 동안은 최적의 행동을 확실하게 취할 수 있도록 가벼운 육체 활동을 시킬 것.

⑥ **소금:** 무더운 환경에서는 나트륨 섭취가 필수. 대부분의 병사에게는 적어도 1일 2회 충분한 소금을 지급해야 함.

⑦ **습도:** 습도 문제는 다루기가 특히 까다롭다. 예를 들어 아침에 온열지수(WBGT: Wet Bulb Globe Temperature)가 낮아도 습도가 높으면 전체적으로 안전하다고는 말할 수 없다. 높은 습도는 땀 증발을 막아 체온을 오르게 하고 '물을 충분히 마셔야겠다'라는 생각을 억제한다.

⑧ **물 뿌리기(water spray):** 물 뿌리기는 체온을 식힌다. 그러나 고온에서 격한 행동을 하기 전·중·후의 적절한 수분 공급을 대신할 수는 없다.

자료1은 무더울 때 안전하게 계속 작업할 수 있는 최대 시간을 나타낸 것으로 온열지수를 바탕으로 계산됐습니다. 임계치는 **병사가 전투 복장으로 앉아서 가벼운 작업을 할 경우**가 기준입니다.

1945년 4월, 미군과 사투를 벌였던 이오지마 작전의 준비 단계에서 구리바야시 군단은 약 18km에 달하는 지하 땅굴을 팠습니다. 이오지마는 활화산이라 지열이 높아 땅굴 속 기온은 40~50℃, 습도는 100%에 달했습니다. 현재 미 육군의 기준인 자료1에 따르면 당연히 **가벼운 작업마저 중단해야 하는 혹독한 환경이었는데 병사들은 지하 땅굴을 파고 전투를 치렀**습니다.

자료1 고온일 때 작업 시간(전투복 착용, 가벼운 작업)

기온 (℃)	상대 습도(%)					
	10	30	50	70	90	100
60	1시간	15분				
54	2시간	30분	15분	작업 중단을 권고		
49	4시간	2시간	30분	15분		
43	12시간	4시간	2시간	30분	15분	
33	제한 없음	12시간	4시간	2시간	1시간	33분
32	주의 환기			12시간	6시간	4시간

출처: FM 34-81-1. Battlefield Weather Effects

장비에 미치는 영향

영원한 적도 아군도 아닌 기상

현대전의 특성은 **기동전**이자 **화력전**이고 **입체전**입니다. 기동전의 주역은 전차, 화력전의 주역은 포병, 그리고 입체전의 중심축은 항공기입니다. 전차, 포병, 항공기는 모든 장소에서 충분히 기능을 발휘할 수 있는 것이 아니라 기상 조건에 크게 영향을 받습니다.

■ 전차 사격에 미치는 영향

전차포는 포신 자체의 무게 때문에 뒤틀리기 쉽습니다. 게다가 태양광, 바람, 비, 눈 등의 기상 요소로 인해 포신 외부에 온도 차가 생기면 포신이 늘어나거나 줄어들며 그에 따라 **포신이 휘기도** 합니다.

예를 들어 위쪽에서 고온의 직사광선을 받으면 상부가 늘어나 포신이 아래쪽으로 휘고, 차가운 횡풍을 오른쪽에서 받으면 그 면이 수축해 포신이 오른편으로 휩니다. 물론 눈에 보일 만큼 분명하게 휘지 않더라도 탄도에는 영향을 끼칩니다.

전차 포탄의 탄도에 영향을 미치는 요인은 포신의 변형 외에도 포강의 마모, 연속 발사에 따른 포신의 온도 변화, 전차의 쏠림, 풍력, 건조함이나 습함에 따른 공기 저항 등이 있습니다.

최근의 전차는 컴퓨터를 이용한 탄도 계산기나 각종 센서를 탑재하고 있어 전차 사격이 지향하는 초탄 명중이 수월해졌습니다. 하지만 **강한 횡풍**은 초탄 명중률을 한없이 낮추기 때문에 전차병에게 있어 철천지원수입니다.

또한 고온일 때는 **아지랑이**나 **신기루** 같은 현상이 발생해 포수의 조준을 방해합니다. 고온과 고습도가 겹치면 이른바 열사병에 걸릴 확률이 높아집니다. 또한 밀폐된 전차 안의 승조원에게 미치는 영향도 간과할 수 없습니다.

■ 기동력 발휘에 미치는 영향

전차의 기동력에는 지형과 자연·인공 장해가 큰 영향을 미칩니다. **눈길**이나 **진창**도 무시할 수 없습니다. 적설량이 50cm를 넘으면 무한궤도 차량은 눈 더미에 차체 하부가 걸려 움직일 수 없게 됩니다. 속된 말로 '거북이가 되었다'라고 하는데, 깊은 진창이나 이탄지대[29] 같은 지반이 무른 곳에서도 같은 일이 발생합니다. 그리고 혹한기에는 배터리가 잘 방전되고 기름류 등이 쉽게 동결됩니다.

현대전에서 전차는 **자료1**처럼 사면초가와도 같아서, 대전차 지뢰는 물론이고 전차포, 로켓포, 정밀 유도탄, 유도 포탄, 각종 대전차 미사일 등의 표적이 됩니다. 이런 위협에서 살아남기 위해 전차 자체가 돌아다녀 피탄을 피하

자료1 전차는 사면초가

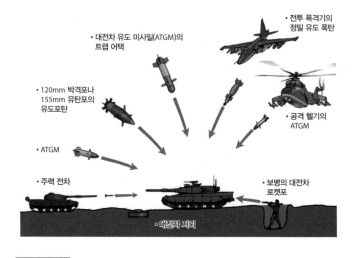

- 대전차 유도 미사일(ATGM)의 트랩 어택
- 전투 폭격기의 정밀 유도 폭탄
- 120mm 박격포나 155mm 유탄포의 유도포탄
- 공격 헬기의 ATGM
- ATGM
- 주력 전차
- 보병의 대전차 로켓포
- 대전차 지뢰

---

29 미분해된 식물 잔해 및 곤충 사체가 수천 년에 걸쳐 퇴적되면서 형성된 유기물 토지

기도 하는데, **기상 요소를 잘 이용하면 위협 요소를 줄일 수 있습니다.**

가령 운저고도(실링)가 300m 이하면 적의 전투 폭격기나 공격 헬기가 활동하는 데 지장이 생기고, 강수나 안개 등으로 가시거리가 제한되면 대전차 미사일이나 유도 포탄을 육안으로 포착하기가 힘들어지며, 토양이 진흙탕으로 변하면 대전차 지뢰의 효과가 떨어집니다.

■ 포병에게 미치는 영향

포병 부대는 모든 부대가 받는 기상의 영향을 똑같이 받을 뿐만 아니라 **먼 거리에서도 정밀하게 사격하는 독자적인 성격상 다른 기상에도 큰 영향을 받는다**는 특색이 있습니다.

가령 야전포병대대 및 스트라이커 여단[30]의 장비 155mm 유탄포(M198)의 최대 사거리는 24km, 포구 초속은 827m/s입니다. 최대 사거리에서 발사하면 착탄까지 적어도 30초 이상 걸리고 최대 탄도고는 약 10km나 되어 포탄이 공중을 나는 동안 상층 기류를 비롯하여 각종 기상소의 영향을 받습니다. 그것이 **포병이 '기상 포병'이라 불리는 이유**입니다.

155밀리 유탄포(M198). 포병은 기상의 영향을 크게 받는다.　　　　　출처: 미 육군

---

30 유사시 신속하게 전장에 파견되어 임무를 수행하는 신속기동여단

자료 2 기상의 구성 요소가 야전포병에게 미치는 영향

가시거리	● 육안에 의한 목표 포착, 사격 수정, 전자 광학 목표 지시에 영향 ● 사정거리 감소는 전방 관측자(FO)와 사격 지원팀의 배치에 영향을 준다
운저고도 / 운량	● 낮은 운저고도는 목표 포착 시스템과 종말 유도탄의 목표 포착에 영향을 준다 ● 하늘을 뒤덮은 구름은 공중 조명 기구의 효과를 제한한다
바람 (지상)	● 강한 횡풍은 탄도 데이터의 신뢰성과 초탄 명중 가능성을 낮춘다 ● 로켓 사격의 정확성과 'Firefinder 레이더'의 컴퓨터 계산에 영향을 준다
바람 (고공)	● 고공의 강풍은 모든 탄도탄의 명중률에 큰 영향을 준다 ● 정확하고 시의적절한 고공의 기상 데이터는 문제 해결에 도움이 된다
뇌우/번개	● 특정 탄약과신관의 취급을 제한한다
대기압	● 공기압은 발사체의 궤도 barofuzing(기폭) 및 사격 통제 계산기에 영향을 준다
굴절률	● 레이더, 레이저, 적외선 계측 기술에 영향
대기의 밀도	● 대기의 두께는 사격 통제에 영향을 준다 ● 밀도가 커질수록 사격 거리는 더 짧아진다
기온 (찌상)	● 동결된 대지는 포수가 화포를 안정시키는 데 필요한 시간을 증대시킨다 ● 극단적인 저온은 포의 정확성과 신관의 기능 발휘에 영향을 끼친다 ● 고온은 황린 발연탄(WP)과 같은 탄의 안정성에 영향 ● 포수가 더위에 지치면 포의 지속 발사 속도가 크게 저하된다
온도 분포	● 온도 분포는 탄도탄 사격 계산에 영향을 준다
압력 분포	● 기압 분포는 baroarming(발화 준비)과 barofuzing(기폭) 모두에 특히 중요
습도 연직 분포	● 연직 온도와 대기 방출 조건 판정 및 전자 광학 목표 지수에 영향을 미친다
조명	● 야간 시찰 장치를 사용하기에 가장 알맞은 시점은 지평선 위 30°에 23%의 상·하현달, 조각구름이 있거나 지평선 아래 5° 이상에 태양이 있을 때

출처: MCRP 2-10-B,6/FM 34-81-1

자료2는 야전 포병에게 영향을 주는 기상의 구성 요소를 열거한 표입니다. 포탄 등이 나는 도중은 물론이고 목표지의 환경에도 기상이 큰 영향을 준다는 사실을 잘 알 수 있습니다.

■ 항공기에 미치는 영향

항공부대는 고정익기, 회전익기(헬리콥터), 틸트로터기(예: V-22 오스프리)를 갖추고 전투부대나 전투 지원부대, 또는 전투 서비스 지원부대로서 다양한 임무를 수행합니다.

항공기는 공중에 떠 있는 플랫폼으로 무기, 병사, 물자 등을 탑재한 채지상부대와 밀접하게 연계해 활동합니다. 항공기는 지상부대에 비해 훨씬 유리하지만, 한편으로는 공중에 떠 있어 취약하기도 합니다.

지상부대와 밀접하게 연계하는 데는 **파일럿의 육안에 의한 유시계 비행이 기본**입니다. 산악이 많은 지형에서 활동할 경우 이착륙에 필요한 최소 가시거리는 4,800m. 그보다 가시거리가 낮은 환경에서는 항공기의 위험도 커집니다.

또한 헬리콥터의 접지 비행은 지상에서 구름 밑까지의 높이(운저고도)가 최소 90m는 되어야 합니다. 참고로 전투 폭격기의 경우 300m가 기상 한계치입니다. **자료3**은 다양한 기상 한계치를 열거한 표입니다. 산악 지형에서 활동할 경우 기본적으로 산 표면과 구름 사이에 공간이 있어야 합니다.

항공기는 유체 역학의 산물로, 비행은 엄밀한 계산에 따라 이루어지고 이를 무시하면 비극적인 결과를 맞게 됩니다.

난기류(turbulence)는 짧은 구간에서 기류가 심하게 변하는 현상입니다. 난기류는 어떤 고도에서나 발생합니다. 기류가 지표와 마찰을 일으켜 난기류가 형성되면 이착륙하는 항공기가 위험에 노출됩니다.

난기류의 일종에 **윈드 시어(wind shear)**가 있습니다. 풍속이나 풍향에 급격한 차이가 발생하는 현상을 말합니다. **다운버스트**[31]**(downburst)**도 같은 난기류로 모두 항공기의 큰 적입니다.

자료3 다양한 기상 한계치와 그 영향

기상의 구성 요소	기상 한계치	영향
운저고도/운량	90m 이하	• 헬리콥터의 접지 비행 계획 및 실시
	90m 이하(평탄한 지형)	• 고정익기의 주간 목표 포착
	150m 이하(산악 지형)	• 고정익기의 주간 목표 포착
	150m 이하(평탄한 지형)	• 고정익기의 야간 목표 포착
	300m 이하(평탄한 지형)	• 고정익기의 야간 목표 포착
가시거리(지상)	400m 이하	• 헬리콥터의 유도, 목표 포착
	1,600m 이하	• 이착륙 최저한도-부여할 임무 검토
	4,800m 이하(산악 지형)	• 이착륙 최저한도-부여할 임무 검토
가시거리(직거리)	400m 이하	• 헬리콥터의 유도, 목표 포착
	4,800m 이하(산악 지형)	• 헬리콥터의 유도, 목표 포착
바람(지상)	15㎧ 이상	• 부여할 임무 검토
	8㎧ 이상의 광역 돌풍	• 항공기의 안전
바람(고공)	15㎧ 이상	• 부여할 임무 검토-지속 기간
강수	동결	• 회전익에 착빙 • 항공기 생존성 및 손상
	13mm/h 이상의 비	• 목표 포착
싸락눈/우박	직경 6mm 이상	• 항공기 손상
적설/적설량	3cm 이상의 가랑눈	• 착륙 지대 및 강하 지대의 장소 • 현기증
착빙	경도(투명/서리)	• 부여할 임무 검토 및 안전 • 헬리콥터 탑재 무기의 발사 제한
난기류	중간 정도	• 부여할 임무 검토 • 항공기 생존성 및 손상
뇌우/번개	5km 이내에서 발생	• 특히 재급유 및 재무장 행동
밀도 고도 ※ 항공기, 중량, 출력, 온도에 따라 다름	2km 이상	• 항공관제, 활주 한계, 착륙 및 이륙 (밀도 고도가 2km 이상이면 엔진 출력이 저하되고 양력 발생력이 낮아져 항공기 운항이 한계에 부딪친다)
효과적인 조명	0.0022럭스 이하	• 야간 행동 시 부여할 임무 검토

출처: MCRP 2-10-B.6

---

31 적란운에서 발생하는 강한 하강 기류

전자 광학 시스템에 미치는 영향

전자 광학 시스템의 약점은 물

전쟁터에서는 일단 적을 발견하는 일이 중요합니다. 오늘날에는 기술이 진보해 각종 **전자 광학 시스템**이 광범위하게 사용되는데 시스템의 능력은 인간의 눈을 뛰어넘습니다. 시스템은 전쟁터에서의 정찰, 목표 포착, 목표 파괴 면에서 위력을 발휘합니다.

전자 광학 시스템에는 액티브active 방식과 패시브passive 방식이 있고, 조도가 낮을 때 인간의 눈에 보이지 않는 목표를 포착하는 **영상 증폭관, 적외선 영상 장치, 레이저 지시 장치, 미광 야시장치** 등이 포함됩니다.

전자 광학 시스템은 한정된 기상 조건에서도 육상부대와 항공부대가 적을 발견하고 정확히 공격할 수 있도록 돕습니다. 시스템의 기능은 기상에 큰 영향을 받지만 광범위하게 사용되므로 기상과 전자 광학 시스템의 관계를 파악하는 일은 전술적으로 매우 중요합니다.

전자 광학 시스템은 근적외선(단파장) 또는 원적외선(장파장)으로 분류되고 적외선 영상이 적절히 조성되는 데는 목표와 배경 간의 온도 차, 즉 열 격차(Thermal contrast)가 필수입니다.

레이저 지시 장치는 액티브 방식입니다. 이 장치는 반사된 레이저 빛을 수신하는 유도탄에 사용됩니다. **지시 장치**가 특정 파장의 레이저 빔을 정확히 목표에 쏘면 **유도탄에 내장된 수신 장치**가 반사된 빔을 식별하여 지시된 목표를 향해 호밍[32]homing합니다. 지시 장치는 가시광을 방사하지 않아 쉽게 발견되거나 식별되지는 않습니다. **자료1**은 전쟁터에서 사

---

32 미사일을 목표물로 유도하는 방식의 하나

용되는 전자 광학 시스템이 이용하는 파장을 구체적인 장치와 함께 나타
낸 것입니다.

자료1 전자 광학 시스템이 이용하는 파장

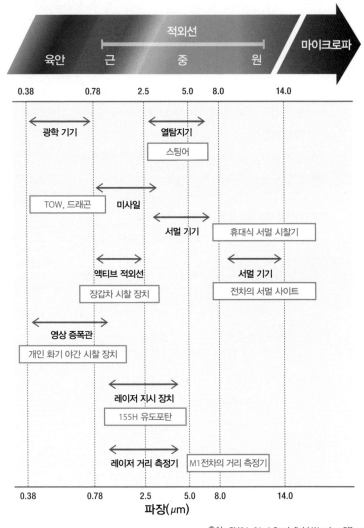

출처 : FM34-81-1 Battlefield Weather Effects

■ 전자 광학 시스템은 만능이 아니다

전자 광학 시스템이 기능을 발휘할 수 있을지는 다음의 기본 요소 세 가지에 달려 있습니다.

① 전쟁터에서 목표와 배경이 지닌 전자 광학적 특성
② 전자 광학 시스템과 목표 및 배경 사이의 대기
③ 전자 광학 시스템의 감도

기상 조건은 ①과 ②에 직간접적으로 영향을 줍니다. 그것을 요약한 표가 **자료2**입니다.

전쟁터에서는 전자 광학 시스템 외에도 쌍안경이나 전차 잠망경처럼 자연조명 아래에서 쓸 수 있는 시찰 수단을 사용합니다. 그 수단은 안개,

자료2 기상 조건이 전자 광학 시스템에 미치는 영향

환경 범위		기능이 심각하게 저하				기능이 어느 정도 저하			
		육안	적외선			육안	적외선		
			근	중	원		근	중	원
구름	모든 타입	×	×	×				×	×
	안개	×	×	×	×				
강수	경~중도의 비 또는 눈					×	×	×	×
	폭우 또는 폭설	×	×	×	×				
에어로졸 (연기, 먼지, 모래)	중밀도	×	×					×	×
	고밀도	×	×					×	×
수증기	고습도 (80% 이상)	×	×					×	

출처 : FM34-81-1

연기, 먼지, 강수로 인해 가시거리가 저하되면 목표를 볼 수 없게 됩니다.

전자 광학 시스템에 영향을 주는 기상은 구름, 강수, 수증기 등 물과 관련된 현상이 많고 특히 **안개와 폭우, 폭설**은 전반적으로 심각한 영향을 줍니다. 폭우(heavy rain)란 시간당 강우량 7.62mm 이상을 말하고, 폭설 (heavy snow)이란 시간당 적설량 7.6cm 이상을 말합니다.

전자 광학 시스템에 사용되는 빛 스펙트럼의 파장이 커짐에 따라 가시거리를 저하하는 물질에 의한 영향은 적어집니다. 그렇지만 장파장 전자 광학 시스템은 목표를 해석하는 데 적합하지 않습니다.

휴대식 서멀 정찰기 같은 중적외선 시스템은 경도의 안개유[33]나 디젤유의 연기를 투과할 수 있습니다. AH-64 아파치, M1 전차, TOW, DRAGON의 서멀 사이트는 **스펙트럼이 더 긴 파장을 사용하여 육안과 근적외선을 차단하는 저농도 황린 발연탄(WP)의 연기와 그 밖의 물질을 투과**할 수 있습니다.

전자 광학 시스템은 가시거리를 저하하는 물질뿐만 아니라 **대기 굴절**에도 영향을 받습니다. 지표면의 대기를 달구는 태양열이 상승 기류 또는 난기류를 발생시키면 **신기루가 일어나** 빌딩이 흔들려 보이거나 목표가 사라집니다. 대기 굴절은 고온 속에서만 일어나는 현상이지만, 영하 32℃ 이하의 적운 위에서도 볼 수 있습니다. 그 경우 지표면에서 높이 올라갈수록 신기루를 맞닥뜨릴 가능성이 적어집니다.

공중에서 발사되는 헬파이어나 코퍼헤드 같은 **유도탄에는 엄밀한 기상 한계치**가 있습니다. 이런 무기가 구름 속을 통과하면 로크온이 풀려 레이저로 지정한 목표를 놓칠 수 있습니다. **서멀 콘트라스트**에 관해서는 뒤에 서술할 서멀 크로스오버라는 자연현상이 주목됩니다.

---

33 유사시 연막을 발생시키기 위하여 발연기에 사용하는 연막 차장용 연막제

NBC에 미치는 영향

NBC의 효과는 기상에 크게 좌우된다

NBC란 핵무기(Nuclear), 생물 무기(Biological), 화학 무기(Chemical)를 가리킵니다. **핵무기**는 핵반응에 의해 생기는 에너지를 인간 살상, 구축물과 장비 등의 파괴에 이용하는 포탄이나 폭탄입니다. **생물 무기**는 생물학 작용제, 그 밖의 질병 매개물의 원물이나 포탄·폭탄을 말합니다. **화학 무기**는 유독 화학제의 원물이나 포탄·폭탄을 말합니다.

■ 바람에 의한 방사성 물질 확산

2011년 3월 11일 동일본 대지진에 의한 지진 해일로 후쿠시마 제1원자력 발전소가 사고를 일으켜 대량의 방사성 물질이 대기 중에 방출되었습니다. 방사성 물질은 바람을 타고 확산돼서 후쿠시마현, 이와테현, 미야기현, 간토 지방의 1도 6현, 시즈오카현 등 넓은 범위에서 토양, 수돗물, 목초, 농산물, 상수도, 하수도의 오물 등을 오염시켰습니다.

■ 전자 펄스(EMP)

오늘날 핵무기에 관한 화제 중 전자 펄스EMP (Electro Magnetic Pulse)는 신문 지면 등에서 많이 다뤄지면서 국민의 관심도 높아졌습니다. 핵이 폭발해 단시간에 강력한 펄스 형태의 전자파가 방출되면 그것이 안테나, 케이블, 전선을 경유하면서 **전자 통신 기기 등에 일시적이거나 영구적인 손상**을 입힙니다.

우리가 생활하는 현대의 세상은 그야말로 네크워크 사회로, 사회 인프라(전기, 수도, 가스, 교통, 통신 등)는 물론이고 개인의 일상생활에 이르기까지 전부 컴퓨터에 의존한다고 해도 과언이 아닙니다.

의도적으로 핵폭발을 일으키면 EMP가 발생하고 피해 범위는 전역에 이르게 됩니다. 의사와 관계없이 우리는 이런 환경 속에서 살아가고 있습니다.

자료1 핵폭발의 4가지 영향

■ 감염병의 세계적인 유행(팬데믹)

세계보건기구(WHO)가 경계하는 감염증은 탄저를 비롯해 조류 인플루엔자, 크리미안콩고출혈열, 뎅기열, 에볼라 출혈열, 헨드라 바이러스 감염증Hendra virus, 간염, 인플루엔자, H1N1, 라싸 바이러스Lassa virus, 마르부르크병Marburg virus disease, 수막염, 니파 바이러스 감염증Nipah virus, 페스트, 리프트 밸리열Rift Valley fever virus, SARS, 천연두, 야토병, 황열까지 19가지입니다.

위의 병균들을 의도적으로 조작해 군사적으로 이용하면 생물 무기가 됩니다. 전 세계 사람이 활발히 왕래할 수 있게 된 오늘날에는 충분히 **해외에서 발생한 질병이 국내에 침입할 수 있습니다.** 생물 무기는 결코 먼 나라 문제가 아닙니다.

■ 옴진리교에 의한 사린 사건

1995년 3월 20일 오전 8시 15분 지하철 히비야선 '가스미가세키역'에서 사린이 살포됨에 따라 신경 마비로 인한 심폐정지로 13명이 죽고 6,300명 남짓이 부상을 입었습니다. 이 사건은 일반 시민을 대상으로 사용된, 전무후무한 화학무기 테러입니다. 이날 신고를 받고 서둘러 '가스미가세키역' 현장에 온 자위대 중앙병원의 젊은 군의관은 피해 환자의 상태를 한번 보고는 '사린이 원인'이라고 진단하고, 치료를 위해서는 **서둘러 아트로핀이나 팜을 주사해야 한다고 판단**했습니다.

육상막료감부[34] 위생부는 중증 환자가 수용된 여덟 곳의 병원에 세타가야구 요가에 위치한 위생 보급처로부터 수급한 팜 주사ralidoxime 2,800개를 긴급 배포하고 군의관 21명, 간호관 19명을 파견했습니다. 가사 상태에 빠졌던 100명 이상의 환자가 팜 주사를 맞고 살아났다고 합니다.

소만, 타분, 사린 등의 신경가스는 피부에 소량만 닿아도 1~2분 만에 사망하고 눈, 코, 입 등 점막으로 흡입하면 10분 이내에 사망할 수 있는 맹독입니다. 전쟁터에서 사린이 사용되면 병사는 아트로핀을 직접 몸에 주사합니다. 걸프전에 출전한 미 병사는 이라크군의 신경가스 공격에 대비하여 각자 아트로핀을 두 개씩 휴대했습니다.

NBC 정찰차. 기존에 운용하던 화학 방어차와 생물 정찰차의 능력을 발휘

출처: 육상 자위대

---

34 합동참모본부에 해당하는 일본 방위성의 기관

NBC 작전은 화학·생물학 작용제의 수송, 확산을 좌우하는 자연환경의 모든 조건에 매우 큰 영향을 받습니다. 이를테면 습도, 대기압, 지상 기온, 풍향·풍속, 하층의 기온경도, 강수, 운량, 일광 등이 있습니다(**자료2**).

자료2 기상이 NBC 작전에 끼치는 영향

기상의 구성 요소	구체적인 영향
강수	• 비와 눈은 화학제의 지속성에 영향을 준다 • 눈은 특정 액체제를 덮어 중성화한다 • 비와 눈은 방사능비를 내리고 위험한 구역(핫 스폿)을 형성한다
뇌우/번개	• 세찬 뇌우는 안전성 면에서 탄약 취급을 제한한다
바람(지상)	• 바람은 화학제, 생물제의 확산에 영향을 주고 화학제의 지속성을 저하시킨다 • 핵무기의 낙진 패턴을 예측하기 위해 지표면에서 5만m 또는 그 이상의 높은 고도에서 풍속을 측정해야 한다
운저고도/운량	• 핵폭발로 발생한 열의 정도(thermal levels)를 평가하기 위해 구름, 지상 반사율(albedo), 운량, 가시거리 정보가 필요
바람(고공)	• 화학제, 생물제의 공중 투하에 영향을 준다 • 연기의 사용 효과를 저하시킨다
지면 상태	• 화학제의 유효성 및 집중도에 영향을 미친다 • 습한 토양은 연막탄의 유효성을 저하시킨다
난기류	• 화학제와 연기가 목표 지역에 잔존(지속)하는 시간에 영향을 준다
습도	• 고습도는 연기와 특정 화학제의 유효성을 증가시킨다 • 고습도는 특정 화학제를 파괴한다 • 습도는 생물 무기에 영향을 주는데, 영향력은 습도의 정도와 생물제의 종류에 따라 다르다.
역전층	• 에어로졸(분무성) 살포와 화학제, 생물제의 지속성에 영향을 준다
기온(지상)	• 고온에 의한 기화는 큰 문제가 된다 • 0℃ 이하의 기온은 물을 이용한 제염을 무효로 만든다

출처: MCRP 2–10–B.6/FM 34–81–1

바람

항공기나 공정 작전의 큰 적

돌풍(gust)은 '바람의 숨'이라 불립니다. 돌풍은 절정일 때부터 그칠 때까지 풍속이 10노트(약 5m/s) 혹은 그 이상으로 급격히 변하는 현상'으로 15노트(약 8m/s) 이상의 돌풍은 항공 활동의 한계치로 여겨집니다.

다운버스트(downburst)는 적란운 속에서 발달하는 하강류 중 항공기에 피해를 주는 강한 기류를 말합니다. '항공기를 지면에 내동댕이치는 악마의 돌풍'이라고도 불리며 항공기의 철천지원수입니다.

그 밖에도 **난기류**(짧은 구간에서 기류가 급격히 변하는 현상)나 풍속과 풍향이 급격히 변하는 **윈드 시어(wind shear)**가 있는데 모두 항공기의 큰 적입니다.

일반적으로 풍속 20노트(약 10m/s) 이상의 바람은 작전에 큰 영향을 주고, 7노트(약 4m/s) 이상의 바람 속에서는 연기를 피워도 금세 흩어져서 효과가 없습니다. 다만, 바람을 등진 부대가 NBC 무기를 사용할 경우 보통 지상과 상공의 바람은 유리하게 작용합니다.

램 에어 파라슈트(조종하기 쉬운 네모난 모양의 낙하산)로 떨어지거나 공정 작전에서 뛰어내릴 때는 각각 9m/s와 10m/s 이상의 바람이 기상 한계치입니다.

제1공정단의 강하 시범. 램 에어 파라슈트를 사용 중이다.

사진: 육상자위대

서멀 크로스오버(자연현상)

서멀 사이트를 쓸 수 없는 순간이 있다

현대 전투 차량에 탑재된 야시장치의 주력 장비는 **서멀 사이트(열화상 장치)**입니다. 평탄한 지형에서 서멀 사이트는 3천m 이상 멀리 떨어진 목표를 볼 수 있습니다. '시야 확보는 사격 가능'을 뜻하므로 야간 전투 능력은 서멀 사이트의 품질에 따라 결정됩니다.

야간 전쟁터에서 서멀 사이트와 적외선 전방 감시 장치를 사용할 경우 야간 전쟁터에서의 **목표와 대상물의 온도**가 중요합니다. 이런 장치로 목표를 보려면 온도 혹은 열 격차, 즉 **서멀 콘트라스트**가 필요합니다.

일반적으로 목표와 배경은 다른 비율로 따뜻해지고 차가워집니다. 내부 가열이 없다면 목표는 아침저녁으로 두 번, 배경과 온도가 거의 같아집니다. 이때 **서멀 크로스오버**라는 자연현상이 일어나 서멀 사이트로 목표를 볼 수 없게 됩니다. 서멀 크로스오버가 지속되는 시간은 아침 해가 목표를 비출 경우 불과 몇 초, 그렇지 않을 경우 몇 분입니다.

■ 레이시온사의 AN/PAS-13E 열화상 장치로 본 영상

출처: 미 육군

온열지수(WBGT)

미 해병대에 도입 후 열사병 격감

여름철이면 일본에도 이상 고온이 찾아와 연일 열사병 뉴스가 보도됩니다. 텔레비전이나 인터넷 일기예보에서는 컬러 표시와 함께 '주의' '경계' '엄중 경계' '위험'으로 나눈 온열지수(WBGT: Wet Bulb Globe Temperature)가 특히 눈에 띕니다. 온열지수는 더운 환경에서의 열 스트레스를 평가하는 지수로 다음과 같은 방법으로 산출합니다.

> • 태양빛이 내리쬐는 야외일 경우
>
> 온열지수(WBGT)=0.7×습구[35]온도+0.2×흑구[36]온도+0.1×건구온도[37]
>
> • 실내 혹은 태양빛이 내리쬐지 않는 야외일 경우
>
> 온열지수(WBGT)=0.7×습구온도+0.3×흑구온도

■ **일상생활에서의 열사병 예방 지침**

온도 기준 (WBGT)	주의해야 할 일상 활동의 기준	주의 사항
위험 31℃ 이상	모든 일상 활동에서 일어날 위험성	고령자는 안정을 취하고 있을 때도 열사병에 걸릴 위험이 크다. 외출은 가급적 삼가고 시원한 실내로 이동한다
엄중 경계 28~31℃		외출 시에는 땡볕을 피하고 실내에서는 방 안 온도 상승에 주의한다
경계 25~28℃	중간 강도의 이상의 일상 활동에서 일어날 위험성	운동이나 격한 작업을 할 때는 정기적으로 충분한 휴식을 취한다
주의 25℃ 미만	강도 높은 일상 활동에서 일어날 위험성	일반인은 열사병에 걸릴 위험이 적지만 격한 운동이나 중노동을 할 때는 걸릴 수 있다

참고: 「日常生活における熱中症予防指針 Ver.3」 日本生気象学会, 2013

---

35 상대습도를 측정한 온도, 습도가 높을수록 습구 온도도 높다
36 일사량을 측정한 온도, 즉 태양빛의 뜨거운 정도를 재는 것
37 주변에서 흔히 쓰는 일반 온도계로 측정한 온도

온열지수는 1954년 미 해군이 **여름철 혹서기의 훈련 중단 기준**으로서 도입한 것입니다. '열사병이 격감했다'라는 실적이 높은 평가를 받아 전 세계로 퍼졌고, 오늘날에는 일반적인 평가 기준으로서 일본에서도 폭넓게 사용되고 있습니다.

온열지수(WBGT) 측정기를 이용하는 미 해군 병사
출처: 미 해군

■ **온열지수(WBGT)와 기온 · 습도의 관계**

상대습도(%)

기온(℃)(건구온도)	20	25	30	35	40	45	50	55	60	65	70	75	80	85	90	95	100
40	29	30	31	32	33	34	35	35	36	37	38	39	40	41	42	43	44
39	28	29	30	31	32	33	34	35	35	36	37	38	39	40	40	42	46
38	28	28	29	20	31	32	33	34	35	35	36	37	38	39	40	41	45
37	27	28	29	29	30	31	32	33	34	35	35	36	37	38	39	40	41
36	26	27	28	29	30	31	31	32	33	34	34	35	36	37	38	39	39
35	25	26	27	28	29	29	30	31	32	33	33	34	35	36	37	38	38
34	25	25	26	27	29	28	29	30	31	32	33	33	34	35	36	37	37
33	24	25	25	26	27	28	28	28	30	31	32	32	33	34	35	35	36
32	23	24	25	25	26	27	28	28	29	30	31	31	32	33	34	34	35
31	22	23	24	24	25	26	27	27	28	29	30	30	31	32	33	33	34
30	21	22	23	24	24	25	26	27	27	28	29	29	30	31	32	32	33
29	21	21	22	23	24	24	25	26	26	27	28	29	29	30	31	31	32
28	20	21	21	22	23	24	24	25	25	26	27	28	28	29	30	30	31
27	19	20	21	21	22	23	23	24	25	25	26	27	27	28	29	29	30
26	18	19	20	20	21	22	22	23	24	24	25	26	26	27	28	28	29
25	18	18	19	20	20	21	22	22	23	23	24	25	25	26	27	27	28
24	17	18	18	19	19	20	21	21	22	22	23	24	24	25	26	26	27
23	16	17	17	18	19	19	20	20	21	22	22	23	23	24	25	25	26
22	15	16	17	17	18	18	19	19	20	21	21	22	22	23	24	24	25
21	15	15	16	16	17	17	18	18	19	19	20	21	21	22	23	23	24

WBGT 값	주의 25℃ 미만	경계 25~28℃	엄중 경계 28~31℃	위험 31℃ 이상

출처: 「日常生活における熱中症予防指針 Ver.3」, 日本生気象学会, 2013

MCRP2-10B.6. 『MAGTF Meteorological and Oceanographic Operations』. 米海兵隊 マニュアル

FM34-81-1. 『Battlefield Weather Effects』. 米陸軍

Robert H. Scales Jr.. (1998). 『THE U. S. ARMY IN THE GULF WAR"』CERTAIN VICTO-RY』. Potomac Books Inc.

David G. Chandler. (2000). 『Napoleon』. Pen and Sword Military

William R. Trotter. (2003). 『THE WINTER WAR』. Gardners Books

Menno-Jan Kraak. (2014). 『Mapping Time』. Esri Press)

David R. Petriello. (2018). 『TIDE OF WAR』. Skyhorse Publishing

陸幹校(旧陸大)戦史教官陸戦史研究普及会. (1966). 『マレ-作戦』. 原書房

陸幹校(旧陸大)戦史室教官陸戦史研究普及会. (1969). 『朝鮮戦』4 仁川上陸作 戦』. 原書房

中川 勇. (1986). 『陸軍気象史』. 陸軍気象史刊行会

堀 元美. (1987). 『駆逐艦 その技術的回顧』. 原書房

半澤正男. (1993). 『【検証】戦' と気象』. 銀河出版

一ジ角良彦. (1985). 『1812年の雪』. 講談社

小倉義光. (1994). 『お天気の科学』. 森北出版

エリック"Eドゥルシュミ"[ト. (2002). 『ウェザ"[Eファクタ". 東京書籍

マ"[チン"ファン"クレフェル. (2006). 『補給戦』. 中央公論新社

ヴォ"[Eグエン"ザッフ.(2014). 『人民の戦"Eと人民の軍隊』. 中央公

小倉義光.(2016) 『一般気象学』. 東京大学出版会

木元寛明.(2011). 『陸自教範「野外令」が教える戦場の方程式』. 光人社

木元寛明. (2017). 『戦術の本質』. SBクリエイティブ.

하루 한 권, 날씨와 전투

초판 인쇄 2023년 05월 31일
초판 발행 2023년 05월 31일

지은이   기모토 히로아키
옮긴이   정혜원
발행인   채종준

출판총괄   박능원
국제업무   채보라
책임편집   조지원·이루오
디자인   김예리
마케팅   문선영·전예리
전자책   정담자리

브랜드   드루
주소   경기도 파주시 회동길 230 (문발동)
투고문의   ksibook13@kstudy.com

발행처   한국학술정보(주)
출판신고   2003년 9월 25일 제406-2003-000012호
인쇄   북토리

ISBN 979-11-6983-338-7 04400
      979-11-6983-178-9 (세트)

드루는 한국학술정보(주)의 지식·교양도서 출판 브랜드입니다.
세상의 모든 지식을 두루두루 모아 독자에게 내보인다는 뜻을 담았습니다.
지적인 호기심을 해결하고 생각에 깊이를 더할 수 있도록, 보다 가치 있는 책을 만들고자 합니다.